Geld verdienen im Internet und offline

Geld vermehren ist einfach! 55 ehrliche und erprobte Strategien, wie Du schnell und erfolgreich Geld verdienen kannst

von Jens Helbig

Bibliografische Information der Deutschen Nationalbibliothek
Die Deutsche Nationalbibliothek verzeichnet diese Publikation in der Deutschen Nationalbibliografie; detaillierte Daten sind im Internet abrufbar über: > http://dnb.dnb.de <

Für Fragen und Anregungen:
jens@indie-bücher.de

Geld verdienen im Internet und offline
1. Auflage, 2017

Ein Imprint der GbR: Christopher Klein & Jens Helbig
Kirschgartenstr. 13
90419 Nürnberg

Buchsatz: Jens Helbig
Lektorat & Korrektorat: Ariana Helbig, Cornelia Jahnke, Christopher Klein
Cover: Stefan Valerio Meister

ISBN-13: 978-3-947061-11-2

Weitere Informationen findest Du unter
www.indie-bücher.de
www.geldsystem-verstehen.de

Inhaltsverzeichnis

1. Geld, Geld, Geld und nochmals Geld

„Geld ist nichts. Aber viel Geld, das ist etwas anderes..“
- George Bernard Shaw

Gebrochen wurde meine reservierte Einstellung zu Geld, als ich mich eines Tages ganz ohne Kohle inmitten von Mexiko-Stadt wiederfand.

Geld regiert die Welt – wirklich! - doch regierst Du das Geld?

Leider ist es in knapp 100% der Fälle so, dass das Geld uns regiert. Wir treffen in der Regel Entscheidungen, die auf unserem Budget beruhen und passen sogar unseren ganzen Tagesablauf, bis hin zu - überspitzt ausgedrückt, doch untrüglich wahr - unserem gesamten Lebensinhalt an das Geld an.

Eigentlich war es eine Banalität: Meine EC-Karte funktionierte nicht mehr. Doch auf einmal wurde mir klar, wie abhängig mein ganzes Leben von dieser kleinen, verfluchten Plastikkarte war!

Wie viel Zeit hatte ich mich mit dem Thema Geld bis dato auseinandergesetzt? Wie viel Zeit hast Du Dich mit dem Thema Geld schon beschäftigt? Stehen Deine persönlichen Finanzen regelmäßig auf der Tagesordnung? Eins ist sicher: Mein Lernpotential zum Thema Geld war enorm, denn ich wusste gerade einmal, dass man es für allerlei Dinge ausgeben konnte.

Zwar hatte ich nie hohe Ansprüche, so dass eigentlich immer genügend Geld für meine Vorhaben vorhanden war, doch wie stand ich nun da? Luxus war für mich immer etwas für überhebliche und arrogante Menschen, die den anderen zeigen wollten, dass sie etwas Besseres wären. Also nichts wirklich Erstrebenswertes. Eine Kreditkarte oder Ähnliches besaß ich also erst nicht.

Auch Bargeld hatte ich nur begrenzt mitgenommen, denn wofür auch das Extra-Risiko mit sich herumtragen?

Als mir klar wurde, dass diese kleine Plastikkarte mit dem Namen „EC" nicht funktionierte, rief ich natürlich sofort meine Bank in Deutschland an. Ich erfuhr, dass es überhaupt kein Problem wäre, mir eine neue Karte mit PIN zuzuschicken. Hey klasse, da hatte ich mich wohl zu früh verunsichert. Pustekuchen! Es dauert mehrere Wochen, bis zwei versetzte Briefe ihren Weg durch Mexiko-Stadt zu ihrem endgültigen Empfänger finden!

Da stand ich nun mit wenigen hundert Pesos (umgerechnet vielleicht 20 €) inmitten von Mexiko-Stadt und musste auf einmal sämtlichen Menschen verklickern, dass ich doch Geld besaß nur eben gerade keins hätte. Der Standard-Mexikaner hört diesen Spruch allerdings mehrmals täglich und fällt somit nicht mehr auf solche vagen Versprechen herein.

Wie alles im Leben hat auch Geld zwei Seiten: Zum einen ist es das Mittel, uns im Hamsterrad zu halten. Zum anderen ist es das Mittel, für unsere Freiheit.

Haste keins, dann biste nichts.

Das war genau der Moment, an dem es mir mit eiskalter Schärfe und mit einem kleinen Schauer den Rücken hinunterlaufend klar wurde: Ohne Geld bist Du ein Niemand!

Zumindest hatte dies den Anschein. Diese neue und erdrückende Wahrheit machte mir bewusst, wie ungerecht unser Geldsystem tatsächlich aufgebaut ist und ich empfand ein tiefes Mitgefühl für alle diejenigen Menschen, die trotz ihres alltäglichen Überlebenskampfes eine finanzielle Freiheit auch in 100 Jahren wohl nicht erreichen können.

Doch das war nicht die einzige Lektion, die ich aus diesem Moment der Hilflosigkeit und gleichzeitiger Erleuchtung für mich mitnahm. Nein - es ging um viel mehr als nur eine philosophische und starre

Anprangerung des monetären Weltbildes unserer Zeit, welches auf einem etablierten Geldsystem beruht, das sich so schnell kaum ändern würde: Nie wieder wollte ich mich in einer solchen hilflosen Situation befinden! Ich wollte ab sofort wirklich finanziell frei sein – weltweit und zu jeder Zeit.

2. Erste Hilfe zum Geld verdienen

„Das Geld, das man besitzt, ist das Mittel zur Freiheit, dasjenige, dem man nachjagt, das Mittel zur Knechtschaft."
– Jean-Jacques Rousseau

Während meiner Zeit in Mexiko habe ich noch sehr viele bewegte Momente zum Thema Geld beobachten und teilweise auch selber erleben können. Keiner dieser Momente hatte jedoch einen so starken Einfluss zu meiner Einstellung zum Thema Geld, wie der vorhin beschriebene.

Was mir mit der Zeit jedoch immer klarer wurde, war, dass Geld zwar ein sehr wichtiges und leider ziemlich unverzichtbares Mittel zur Freiheit ist, soziale Kontakte und Netzwerke jedoch viel nützlicher und stärker sind. Am Ende des Tages waren es eben meine Freunde, die mir aus dieser hilflosen Situation geholfen haben.

Natürlich habe ich am Ende meine Schulden bei ihnen bezahlt. Doch das Besondere war wirklich, dass sie mir nicht das Gefühl gegeben haben, eine arme Wurst zu sein, sondern im Gegenteil auf verschiedenste Weise dazu beitrugen, dass ich die Zeit trotz meiner sich auftürmenden Schulden genießen konnte. Beginnen wir also damit, dieses Geheimnis zu entmystifizieren und für uns zu nutzen!

#1 Sprich über Geld

„Ein gutes Netzwerk ist die beste Arbeitslosenversicherung im 21. Jahrhundert."
– Holger Moller

Den ersten Ratschlag, den ich jedem gebe, der seine finanzielle Situation verbessern möchte, lautet: Sprich' mit Deinen Freunden und Bekannten über Geld! Wer das Thema Geld zum Tabu erklärt – und das ist leider sehr häufig der Fall, denn bekanntlich spricht man ja nicht über Geld – der kann seine finanzielle Situation nur sehr bedingt, wenn überhaupt, beeinflussen.

Erfolgreiche und reiche Menschen dagegen sprechen über das Thema Geld und das regelmäßig und häufig.

Nicht nur holen sie sich neue Investitionsratschläge aus ihrem Netzwerk ein, sondern sie bilden sich dadurch auch ständig über das Thema Geld weiter. Durch den finanziellen Meinungsaustausch bekommen sie einen differenzierten Blickwinkel in ihren Finanzfragen.
Abgesehen von dem Informationsvorsprung, den sie durch das Sprechen über Geld erlangen, ergeben sich auch hier und dort Kooperationsmöglichkeiten. Was läge näher als mit Dir bekannten Menschen zusammenzuarbeiten und darüber hinaus auf ihre Erfahrung zurückzugreifen? Nutze die Kraft Deines sozialen Netzwerks!

#2 Wie viel Geld brauchst Du wirklich?

„Geld allein macht nicht glücklich. Es gehören
auch noch Aktien, Gold und Grundstücke dazu."
– Danny Kayne

Ein weiterer wichtiger Aspekt ist, dass Du Dir klar wirst, dass Geld nicht alles im Leben ist. Da dies eine allgemein bekannte Volksweisheit ist, schiebst Du diesen Gedanken vielleicht schnell beiseite und denkst nicht weiter darüber nach. Dennoch solltest Du ihm wenigstens 5 Minuten Deine ungeteilte Aufmerksamkeit schenken, geht es doch um mehr als nur den Hinweis, das Leben zu genießen.

Zum einen kann Glück immer nur in uns selbst entstehen. Wir selber setzen also die Rahmenbedingungen dafür. Wenn wir entsprechend als Prämisse festlegen, dass wir nur glücklich sein können, wenn wir sehr viel Geld besitzen, dann werden wir tagein und tagaus unglücklich durch die Welt laufen, weil wir es schlicht noch nicht haben. Können wir uns dagegen schon an den kleinen und kostenlosen Dingen im Leben und in unserem Alltag erfreuen, dann werden wir feststellen, dass wir so viel Geld zum Glücklichsein gar nicht brauchen. Ein Lächeln, ein voller Magen, der Sonnenschein, das Gefühl verstanden zu werden, oder ein lustiger Moment gehören dazu.

Zum anderen bedeutet Geld aber auch eigene investierte Lebenszeit. In der Regel hast Du für jeden Euro, den Du besitzt, Deine eigene Zeit aufgewendet. Ausnahmen davon sind lediglich reiche Erben und Glücksfälle, wie im Lotto zu gewinnen. Mache Dir also bei Deiner Überlegung, wie viel Geld Du haben möchtest, klar, dass auch immer ein gewisser Lebensaufwand demselben gegenübersteht.

Ein letzter wichtiger Aspekt ist die Erkenntnis, dass das Leben lebensgefährlich ist. Alles was wir tun und lassen beinhaltet ein Risiko und dazu kommt noch das Restrisiko des Lebens und der Natur selbst, sodass uns klar sein muss, dass wir jeden Moment ohne Vorwarnung sterben könnten.

Könntest Du jetzt, in diesem Augenblick, „beruhigt" sterben? Versuche Deine Planung zum Geldverdienen so aufzubauen, dass Du Dich nicht mit Arbeit überlädst und plane Dir gezielt immer wieder Zeitfenster für Dich selbst ein, in denen Du das Leben eben doch genießt. Tust Du Deine Arbeit gerne, dann schlägst Du gleich zwei Fliegen mit einer Klappe.

Überlege Dir, wie viel Zeit Du bereit bist, für das (zusätzliche) Geldverdienen aufzuwenden. Selbstverständlich kannst Du zwar, natürlich nur bis zu einem gewissen Grad, mehr Geld verdienen, je mehr Zeit Du dafür aufwendest. Vielleicht sollte die Frage aber auch umgekehrt gestellt werden:

Wie viel Zeit möchtest Du für Dein Leben und zur Selbstverwirklichung zur Verfügung haben?

#3 Arbeite smart und investiere

„Ich versuche nicht, zwei Meter hoch zu springen. Ich schaue mich nach Hindernissen um, die 30 Zentimeter hoch sind und die ich einfach überschreiten kann."
- Warren Buffet

Vielleicht möchtest Du so viel Geld und so schnell wie möglich verdienen. Smart zu arbeiten bedeutet allerdings, dass Du Deine mittel- bis langfristige Planung dabei nicht aus den Augen verlierst.

Die Zeit, die Du heute zum Arbeiten investierst, soll dementsprechend später auch noch Früchte tragen.

Kohärenz

Kohärenz beim Geldverdienen kannst Du dadurch erreichen, dass Du Dich auf eine oder wenige zusammenhängende Arbeiten spezialisierst. So baust Du einen Erfahrungsschatz auf, zum Beispiel bei der Benutzung eines Programms, mit dem Du in Zukunft gleiche oder ähnliche Arbeiten schneller und besser ausführst.

Je mehr Gemeinsamkeiten Deine Tätigkeiten – und dazu gehört auch Dein privater Zeitvertreib – besitzen, desto eher erreichst Du Professionalität.

Passives und aktives Einkommen

Eine weitere Möglichkeit ist das sogenannte passive Einkommen, bei dem Du für Arbeit, die Du einmal getan hast, später auch noch bezahlt wirst. Beispiele dafür sind etwa Patent- oder Filmrechte, digitale Produkte, die Du einmal erstellst und laufend weitervermarktest oder die Vermietung von Wohnraum oder Gegenständen.

Allerdings ist das passive Einkommen gar nicht so passiv, wie der Begriff zunächst vermuten lässt und setzt in der Regel eine gewisse unterbezahlte und überarbeitete Durststrecke im Vorfeld voraus. Folglich kann es sich ganz schön hinziehen, bis man so viel verdient, dass man seinen eigenen Arbeitseinsatz abgedeckt hat.

Hat man die Durststrecke jedoch einmal überwunden, ist das passive Einkommen natürlich eine tolle Sache. Im Idealfall läuft das Geld auf Deinem Konto ein, während Du theoretisch nichts dafür tun musst. Trotzdem läufst Du dadurch, dass Du eben nicht mehr (stark) aktiv für dieses Einkommen arbeitest, Gefahr, von externen Schocks getroffen zu werden.

Bist Du zum Beispiel ein YouTube-Star und YouTube würde eines Tages seinen Suchalgorithmus ändern, könnte es sein, dass Du von einem auf den anderen Tag nicht mehr gefunden wirst. Auf einmal bräche Dir diese Einkommensquelle weg und Du müsstest dann doch wieder Zeit dafür aufwenden.

Ein weiteres Beispiel, welches durch Deinen Zeitaufwand wohl kaum gelöst werden könnte, ist: Du besitzt Aktien von einem Unternehmen und die Kurse brechen ein. Möglicherweise kannst Du über Jahre hinweg nur mit starken Verlusten verkaufen. Im Worst Case Szenario geht das Unternehmen bankrott und Du verlierst Deine gesamte Investition.

Zugegeben: Diese Beispiele sind etwas extrem, aber worauf ich hinaus will, ist, dass Du nicht vollständig nur von einer Einkommensquelle abhängen solltest. Auch aktives Einkommen trägt Risiko, nämlich dass Du einfach gefeuert wirst. Dieses Problem kann jedoch gelöst werden, indem man bei einem anderen Arbeitgeber „unter kommt". Dennoch:

Streue lieber das Risiko. Verdiene Dir einen Teil Deines Einkommens aktiv und einen anderen Teil passiv.

Eine gute Strategie kann es sein, zunächst sehr stark aktiv zu arbeiten und zunächst passiv nur nebenbei. Das ganze machst Du solange, bis Du aktiv oder passiv eine gewisse, selbstgesteckte Schwelle erreichst und Du nach und nach immer mehr aktives gegen passives Einkommen „eintauschen" kannst. Diese Schwelle könnte zum Beispiel eine gewisse Größe an passivem Einkommen oder ein bestimmter erreichter Geldbetrag, den Du anschließend investieren willst, sein. Diese Strategie eignet sich vor allem für diejenigen Menschen, die kurzfristig nicht auf viel Einkommen und Zeit verzichten wollen oder können – etwa für Mütter und Väter, weil sie grundsätzlich höhere Ausgaben und Verpflichtungen haben.

Eine andere gute Strategie ist es, sich sofort zu 100% auf das passive Einkommen zu stürzen. Das hat den Vorteil, dass Du in kurzer Zeit große Wissensfortschritte machst, da Du Dich sehr viel mit der Materie beschäftigst und gleichzeitig auch dazu gezwungen bist, so Dein Geld zu verdienen. Nachteil dieser Strategie ist es, dass man sich komplett selbst vorfinanzieren muss. Hast Du allerdings geringe laufende Kosten und keine Verpflichtungen, dann könnte dies genau die richtige Strategie für Dich sein. Hast Du einmal eine gewisse Schwelle an passivem Einkommen erreicht, macht es spätestens dann für Dich Sinn, Deine Einkommensquellen zu diversifizieren und weitere aktive oder passive Einkommensarten Deinem Einkommensstrom hinzuzufügen.

Am Ende des Tages musst Du selbst entscheiden, wie groß der Teil des aktiven und der des passiven Einkommens sein sollen. Diese Entscheidung solltest Du von Deinen Fähigkeiten, Deiner Persönlichkeit und von Deiner aktuellen Lebenssituation abhängig machen.

Bonus: 41 Wege, passives Einkommen zu generieren

Ob und welche Form des passiven Einkommens für Dich die richtige ist, erfährst Du in meinem Bonus-PDF: *„41 Wege, passives Einkommen zu generieren“*. Dort findest Du eine genaue Beschreibung, wie Du Dir passives Einkommen aufbauen kannst. Die Datei kannst Du Dir hier herunterladen:

http://upvir.al/32315/lp32315

Wenn sich auch noch zwei weitere Deiner Freunde für dieses Buch eintragen, bekommst Du übrigens den Bestseller meines Partners, Christopher Klein, *„Geld sparen und clever reich werden“* gratis!

Sparen und Investieren

Das am schnellsten verdiente Geld ist jenes,

welches Du gar nicht erst ausgibst.

Deine Finanzplanung sollte, neben Deinen aktuellen Ausgaben, auch einen bestimmten Prozentsatz oder Betrag in Euro Deines Einkommens enthalten, den Du regelmäßig zurücklegst. Einen Teil davon, etwas 3 Monatseinkommen, sparst Du für schlechte Zeiten. Den anderen Teil davon investierst Du sinnvoll. Das Augenmerk liegt hierbei auf sinnvoll. Ob eine Investition sinnvoll ist oder nicht, hängt dabei nicht nur vom Risiko und der Rendite, sondern auch von Deinem Bauchgefühl, ethischer Vertretbarkeit und der Zweckmäßigkeit ab.

Zum Beispiel kannst Du in Aktien mit Dividendenausschüttung investieren. Dann bekommst Du jedes Jahr automatisch eine Dividende dafür ausgezahlt, dass Du Anteile von dem Unternehmen hältst. Hinzu kommt der potentielle Gewinn oder Verlust des Aktienkurses, falls Du die Anteile wieder verkaufst.

Alternativ kannst Du auch in Deine eigene Bildung investieren, etwa in einen Fortbildungskurs. Dieser könnte es Dir ermöglichen, besser zu arbeiten, also die Möglichkeit geben, mehr Geld verlangen zu können oder Dich in der Form weiterzubilden, bessere (Finanz-) Entscheidungen zu treffen. Natürlich gibt es eine Fülle an potentiellen Investitionsmöglichkeiten. Doch das Wichtigste ist, dass Du Dich vor einer Investition neben dem Nutzen und Gewinnmöglichkeiten auch ausreichend über die direkten und indirekten Risiken informierst.

Überlege Dir genau, wie viel Prozent oder welchen Betrag in Euro Du von Deinem Einkommen jeden Monat zurücklegst.

Lege Dir ein Tagesgeldkonto zu und überweise Dir direkt am Anfang des Monats diesen Betrag auf dieses Konto und vergiss ihn für den Rest des Monats. Damit gewährleistest Du, dass Du dieses Geld auch wirklich sparst. Hast Du genug Geld für eine Investition zusammen, dann kannst Du diese nach ausreichender Risikoabwägung tätigen.

Bonus: Kostenloses Haushaltsbuch

An dieser Stelle möchte ich Dir ein Excel-Haushaltsbuch schenken, das ich gemeinsam mit meinem Partner Christopher Klein entworfen habe. Es ist eine gute Ergänzung zu diesem Buch.

Dieses Haushaltsbuch ist eine verknüpfte Excel-Datei. Sie ermöglicht es Dir, Deine Ausgaben zu analysieren und verschiedene Zeiträume miteinander zu vergleichen. Wenn Du es regelmäßig nutzt, befreist Du Deine Einsparpotentiale. Neben dem Haushaltsbuch lasse ich Dir auch einige weitere Geld-Tipps und -Tricks zukommen, die Dich auf Deinem Weg zum „reich werden" begleiten. Darüber hinaus bekommst Du die Möglichkeit, in unsere geschlossene Facebook-Gruppe einzutreten und Dich mit Gleichgesinnten auszutauschen.

Klicke auf den folgenden Link und lade Dir das kostenlose Haushaltsbuch herunter:

http://www.geldsystem-verstehen.de/kostenloses-haushaltsbuch/

#4 Arbeite hart

„Müde macht uns die Arbeit, die wir liegenlassen,
nicht die, die wir tun."
– Marie von Ebner-Eschenbach

Wenn Du schon arbeitest, dann solltest Du so produktiv wie möglich sein. Durch Deine volle Aufmerksamkeit auf die Sache gewährleistest Du, dass Du nichts Wichtiges übersiehst. Das spart Dir zum einen Zeit, da Dir unter Umständen eine lästige Fehlersuche im Nachhinein erspart bleibt. Zum anderen bewirkt es, dass Du schneller besser in dem wirst, was Du tust. Darüber hinaus bekommst Du mehr erledigt und kannst den Feierabend richtig genießen, da Du stolz auf das bist, was Du heute alles geschafft hast.

Eliminiere konsequent alle Ablenkungen und konzentriere Dich auf das, was erledigt werden muss!

Wähle, wenn möglich, von vornerein einen Arbeitsort, an dem Dich keiner stören kann. Merkst Du, dass Du selbst nicht mehr richtig bei der Sache bist, dann leg' eine Pause ein oder tausche die aktuelle Tätigkeit gegen eine andere aus.

#5 Arbeite mit Deinem Körper

„Eine Stunde Schlaf vor Mitternacht ist besser als zwei danach."

Wenn Du Dir Deine Arbeitszeit einteilen kannst, dann arbeite unbedingt mit Deinem Körper und Biorhythmus zusammen, anstatt gegen ihn!

Bist Du ein Morgenmensch? Dann nutze die Kraft der Morgenstunden und stehe früh auf. Dazu gehört allerdings auch, dass Du Dich früh schlafen legst. Eine gewisse Anzahl an Stunden solltest Du, aus Respekt vor Deinem Körper und um Deine Gesundheit und „Langzeitperformance" zu gewährleisten, nämlich mindestens schlafen.

Zwar kannst Du auch mal für einen Zeitraum mit weniger Schlaf auskommen, doch das rächt sich in der Regel früher oder später. Auch ein ständiger Wechsel zwischen langer und kurzer Schlafdauer macht Dich schon in kürzester Zeit ziemlich fertig. Ich empfehle Dir pauschal eine Schlafdauer von 6-8 Stunden. Natürlich ist das nicht bindend. Schließlich weißt Du selbst am besten, wie viel Schlaf Du benötigst und wann Du Dich gut auf Deine Arbeit konzentrieren kannst.

Probiere verschiedene Schlaf-, Arbeits- und Esszeiten ruhig mal durch.

Wenn Du merkst, dass Du nach dem Mittagessen immer träge wirst, dann mach doch einen „Powernap". Das ist ein Kurzschlaf von 15-20 Minuten, bei dem Du komplett entspannst, aber noch nicht in die Traumphase des Schlafs fällst. Nicht selten fühlst Du Dich nach einem „Powernap" so, als hättest Du gerade mehrere Stunden geschlafen. Anschließend bist Du quasi so fit wie direkt nach dem Aufstehen.

#6 Nutze Deine Fähigkeiten

„Der Beruf, der Dir Freude macht,
ist das Gefühl, nie arbeiten zu müssen."
-Lutz Brana

Um Dein Potenzial zum Geldverdienen möglichst vollständig auszuschöpfen, greifst Du bei der Wahl der Arbeit(en) auf Deine bereits vorhandenen Fähigkeiten und Interessen zurück. Auch Deine Charaktereigenschaften können Dir einen guten Hinweis geben.

Dadurch gewährleistest Du, dass Du die Arbeit(en) möglichst gut ausführst und möglichst hoch vergütet wirst.

Schreibe auf ein Blatt Papier alle Deine Fähigkeiten auf, die Dir spontan einfallen. Im ersten Schritt geht es darum, möglichst viele davon zu „sammeln". Von daher können es ruhig auch sehr banale Dinge sein, wie „gut Auto fahren", „meinen Urlaub gut planen" oder „gut zuhören können". Ordne diese dann im zweiten Schritt nach dem Grad der Ausprägung. Je seltener eine Fähigkeit ist und je besser Du diese Fähigkeit beherrschst, desto höher ist ihr Ausprägungsgrad.

Auf einem neuen Blatt Papier schreibst Du nun alle Deine Interessen auf. Welche Tätigkeiten motivieren Dich? Was tust Du gerne oder würdest Du gerne tun? Womit beschäftigst Du Dich gedanklich oft aus eigenem Antrieb? Schreibe alles auf, was Dir einfällt! Ordne Deine Interessen anschließend ebenfalls nach dem Grad der Ausprägung.

Schließlich schreibst Du noch alle diejenigen Charaktereigenschaften von Dir auf, die für Dich einen hohen Stellenwert haben. Das können Dinge sein wie Pünktlichkeit, Sauberkeit oder Loyalität. Einen guten Hinweis auf Deine Charaktereigenschaften geben Dir auch Deine „negativen" Eigenschaften. Wenn Du etwa einen Fimmel hast, dass alles immer picobello sauber sein muss – eine Aversion gegen Schmutz also - dann drehe diese Eigenschaft ins Positive: Du legst Wert auf Sauberkeit und Ordnung.

Mache Dir am besten zunächst eine Liste mit denjenigen Dingen, die Du so überhaupt nicht magst oder sogar hasst. Dann überlege Dir, warum das so ist und kehre sie ins Positive. Das sind meist unsere größten Stärken.

Im letzten Schritt schreibst Du die drei Fähigkeiten, Interessen und Charaktereigenschaften mit dem höchsten Ausprägungsgrad auf ein drittes Blatt Papier. Deine ideale Arbeit sollte so viele Punkte wie möglich berücksichtigen. Das ist im Zweifelsfall für Dich das Kriterium, mit der Du eine neue Arbeit schnell bewertest. Lege anschließend dieses Blatt Papier als Lesezeichen in das Buch oder hänge es irgendwo auf, wo Du es regelmäßig siehst – so lange, bis Du genau weißt, was Du tun möchtest.

#7 Das Warum und Dein Mindset

„Reichtum besteht nicht darin, ein großes Vermögen zu besitzen, sondern wenige Wünsche zu haben."
- Epiktet

Dieser Punkt ist besonders wichtig. Sicherlich weißt Du zwar schon irgendwie, warum Du Geld haben möchtest, doch wenige Menschen möchten immer mehr Geld um des Geldes willen haben. Trotzdem gibt es diese Menschen wirklich und sie leben meistens sogar erstaunlich bescheiden, um bloß kein Geld auszugeben. Ein immer höherer Kontostand befriedigt dabei ihr Ego und sie sind glücklich, weil sie etwas erreicht haben.

Für die meisten von uns ist Geld allerdings das Mittel zu einem mal mehr, mal weniger höheren Zweck. Und das ist auch gut so. Mache Dir klar, WARUM Du viel Geld haben möchtest. Was würdest Du alles anstellen, wenn Dir jetzt sofort jemand 100.000 Euro schenken würde? Welche Vorteile hätte es, dieses Geld jetzt zu besitzen? Was würde es für Dich bedeuten? Nimm Dir 5 Minuten Zeit, ein Blatt Papier und schreibe alle Deine Ideen ungefiltert auf.

Wahrscheinlich hast Du jetzt eine Fülle an tollen Ideen und Zielen. Mache Dir in diesem Augenblick klar, dass das Geld für die Erreichung aller dieser Ziele ein wichtiges Instrument ist.

Geld ist nichts Schlechtes - im Gegenteil. Es hilft Dir dabei, Deine Vorhaben und Ziele zu erreichen!

Das wirklich zu verstehen hat mich selbst einiges an Zeit gekostet. Für mich war (viel) Geld irgendwie immer negativ befleckt – ganz unbewusst. Es waren alte und negative Glaubensmuster, die mich davon abhielten, dem Geld einen positiven Stellenwert einzuräumen. Am Ende musste ich mir diese innere Abneigung dem Geld gegenüber eingestehen und meine Einstellung zum Geld korrigieren: Geld ist etwas überaus Nützliches - nämlich ein hervorragendes Mittel, die eigenen Wünsche und Ziele zu erreichen!

#8 Dein Commitment

„Die Welt tritt zur Seite um jemanden vorbeizulassen, der weiß, wohin er geht."
- David Starr Jordan

Egal, welche (finanzielle) Strategie Du verfolgst und in welcher Form Du diese umsetzen möchtest – gebe vor Beginn Deiner Tätigkeit ein Commitment ab.

Ein Committment ist eine selbst auferlegte Verpflichtung zur Hingabe für Dein Vorhaben.

Du wirst Dein Bestes geben und keine halben Sachen machen! Du wirst Dich anständig, also ausreichend, informieren. Du wirst stets wie ein Profi arbeiten und handeln.

Schreibe dieses Commitment an Dich selbst, ruhig mit Anrede, auf ein Blatt Papier. Werde Dir bewusst, was dieses Versprechen bedeutet und dass Du fortan eine neue Person bist. Du bist ab sofort eine Person, die von Kopf bis Fuß und zu jeder Zeit professionell ist. Lebe Dein Besseres Selbst voll aus!

3. INSTANT CASH !

„Nichts betäubt Rationalität mehr, als ohne Aufwand verdientes Geld."
– Warren Buffet

Sicherlich hast Du hier und da im Internet schon die eine oder andere Anzeige gesehen mit irgendwelchen Systemen, die Dir das schnelle Geld versprechen.

Bitte falle nicht auf solche Versprechen herein!

Wenn es wirklich so tolle Systeme gäbe, dann würden die Leute sie selbst nutzen und einen Teufel tun, sie anderen „Preis zu geben", da sie Gefahr laufen müssten, dass diese Systeme dann unter Umständen bald nicht mehr funktionieren.

Meistens muss man bei solchen Systemen eine „Erstinvestition" tätigen, die man entweder gar nicht oder nur mit erheblichem Zeitaufwand wieder hereinholen kann. Auch existieren oft versteckte Risiken, die einem im ersten Moment nicht auffallen. Das sollen sie auch gar nicht. Meistens fallen diese Risiken erst dann auf, wenn es zu einem Totalausfall kommt und man sein gesamtes investiertes Geld verloren hat.

Dazu eine kleine Anekdote aus meinem Leben: In jungen Jahren entdeckten ein Freund und ich eine Anzeige in eBay, bei der ein ganzer Karton neuer Handys angeboten wurde. Zu der Zeit handelte es sich um eines der neusten Modelle und in dem Karton sollten gleich 50 davon sein. Natürlich beobachteten wir das Angebot täglich und fingen an uns auszumalen, was wir wohl mit so vielen Handys anstellen könnten, sollten wir diese günstig ersteigern können. Jeder würde natürlich eins für sich behalten, ein paar zum Verschenken und den Rest würden wir mit 25% Abschlag vom Neupreis weiterverkaufen - hauptsächlich an Freunde und Bekannte.

Dann geschah das aus unserer Sicht undenkbare: Das Angebot wurde von eBay entfernt. Anstatt der Frage des Warums weiter auf den Grund zu gehen, entschieden wir uns dazu, den Verkäufer über E-Mail zu kontaktieren. Wir dachten, das wäre genial, denn wahrscheinlich hätte eBay das Angebot eh nur deswegen entfernt, weil die Handys irgendwo „vom Laster gefallen waren" und somit nicht offiziell vom Hersteller angeboten würden.

Zu unserer Überraschung war der Verkäufer uns gegenüber aufgeschlossen und besaß auch noch den Karton voller Handys. Schnell wurden wir uns über den Preis einig: 1000 D-Mark für den Karton mit 50 Handys, die zu der Zeit jeweils für etwa 200 D-Mark gehandelt wurden. Jeder steuerte 500 D-Mark bei, also auch noch ein reduziertes Risiko für uns beide – das perfekte Geschäft! Die einzige Voraussetzung vom Verkäufer war, dass wir die Zahlungsabwicklung auf einer externen Seite machten, damit es für beide Seiten noch sicherer würde.

Selbstverständlich willigten wir ein, meldeten uns schnell auf der uns genannten Seite an und schickten 1000 D-Mark ins Ausland an einen unbekannten Empfänger – von seiner E-Mail-Adresse und seinem Namen einmal abgesehen. Und dann warteten wir. Bald würden die Handys ankommen. Welche Freude! Sicher würden die Handys nicht mehr lange auf sich warten lassen, schließlich kamen sie aus dem Ausland. Und so warteten wir noch eine ganze Zeit.

Nach zwei Wochen schrieben wir den freundlichen Verkäufer an und nachdem er nach drei Wochen immer noch nicht geantwortet hatte, schickten wir noch eine E-Mail hinterher. Dann wurde uns langsam klar, dass keine Handys mehr kommen würden.

Haben wir uns geärgert! Was für Idioten waren wir gewesen! Hatten wir Anfänger wirklich geglaubt, dass es so einfach wäre? Der Vater meines Freundes ist übrigens Rechtsanwalt. Er konnte weder die Person, noch die „neutrale externe Firma" ausfindig machen, die noch nicht einmal ein Impressum auf ihrer Internetseite hatte. Wir waren nach allen Regeln der Kunst einem Trickbetrüger auf den Leim gegangen.

Welche Lektion haben wir daraus gelernt? Das Wichtigste bei jedem Angebot von einem Dritten ist, seine Seriosität festzustellen und zu verstehen, was dieser von dem Angebot hat. Warum unterbreitet er es gerade Dir? Stimmen alle Deine Annahmen, die Du bezüglich des Angebots triffst? Oder kann der andere eine falsche Information übermittelt haben? Sind „neutrale Dritte" wirklich neutral? Welche Risiken gehen mit dem Geschäft einher? Mangelt es an Transparenz, dann solltest du so ein Angebot kategorisch ausschlagen!

EIN LETZTER HINWEIS NOCH, BEVOR DU LOSLEGST: FÜR MANCHE ARBEITEN IST ES NOTWENDIG, DASS DU EIN GEWERBE BEIM GEWERBEAMT DEINER STADT ANMELDEST. ANDERE ARBEITEN KANNST DU ALS SOGENANNTER FREIBERUFLER AUSÜBEN. DAFÜR REICHT ES IN DER REGEL AUS, DASS DU DEINE FREIBERUFLICHKEIT BEIM ÖRTLICHEN FINANZAMT ANZEIGST. WENN DU DIR BEZÜGLICH FREIBERUFLICHKEIT, GEWERBLICHE SELBSTSTÄNDIGKEIT ODER DEINER STEUERERKLÄRUNG NICHT GANZ SICHER BIST, DANN INFORMIERE DICH BITTE AUSREICHEND IM INTERNET ODER BEI EINEM STEUERBERATER.

4. Geld im Internet verdienen

„Große Werke werden nicht durch Gewalt, sondern durch Ausdauer vollbracht. Derjenige, der mit Entschlossenheit drei Stunden pro Tag vorangeht, wird in sieben Jahren eine Entfernung so groß wie den Erdumfang hinter sich bringen.“

\- Samuel Johnson

Um Deine Finanzen aufzubessern und direkt gutes Geld zu verdienen, schlage ich Dir die 13 folgenden Möglichkeiten vor. Alle diese Möglichkeiten haben gemeinsam, dass Du mit Ihnen in kurzer Zeit und mit ein bisschen Einsatz schnell Geld (dazu) verdienen kannst. Darüber hinaus brauchst Du davor keine Investition zu tätigen, sondern kannst direkt loslegen. Voraussetzung ist lediglich, dass Du einen Internetanschluss zur Verfügung hast – und sei es bloß in der Stadtbibliothek oder bei einem Freund.

#1 Werde aktiver Freelancer

Als Freelancer arbeitest Du für verschiedene Kunden an einem Teil ihres Projekts. Um einen solchen Arbeitgeber zu finden, bedienst Du dich dafür bekannter Plattformen, die sich darauf spezialisiert haben, Freelancer mit Arbeitgebern zu vermitteln. Dabei kann jeder auch selbst zum Arbeitgeber avancieren und Mini-Projekte in Auftrag geben.

Deine Fähigkeiten

Die Palette reicht vom Texter und Designer über den Kundenbetreuer, virtuellen Assistenten und Datenanalyst bis hin zum Programmierer und Web-Developer.

Der Fantasie sind fast keine Grenzen gesetzt. Alles was es an „Computer-Skills" gibt, wird auf diesen Plattformen auf der einen oder anderen Art nachgefragt.

Das Besondere ist, dass man nicht zwingend ein ausgesprochener Experte in einem Bereich sein muss. Natürlich ist es für Deine Bezahlung extrem hilfreich, wenn Du Dich bereits in einem Gebiet etwas mehr auskennst oder schon Erfahrung mitbringst. Andererseits ist dies aber eben NICHT notwendig. Lediglich der Preis, den Du für Deine Arbeit verlangen kannst, wird ohne Kenntnisse geringer ausfallen – immer vorausgesetzt, dass Du die Arbeit auch erfolgreich abschließen kannst.

Der Ablauf

Registriere Dich auf einer oder mehrerer Freelancer-Plattformen. Jede hat zwar eine unterschiedliche Benutzeroberfläche, doch funktionieren sie unterm Strich alle gleich: Registrierte Arbeitgeber laden ihre Jobangebote hoch und Freelancer können diese annehmen, bzw. vorschlagen, angenommen zu werden. Dafür ist es wichtig, dass man sein Profil möglichst vollständig angibt und bereits erfolgreich abgeschlossene Projekte erwähnt.

Der Arbeitgeber entscheidet nun anhand Deines Profils, ob er Dich einstellen möchte. Wenn Du eine Zusage bekommst, wirst Du im Nachgang die Details mit dem Arbeitgeber besprechen. Und schon kannst Du mit der Arbeit loslegen!

Bezahlt wird nach Abgabe der Arbeit, beziehungsweise manchmal gibt es Teilziele, sogenannte Meilensteine, die ebenfalls eine Teilzahlung auslösen. Wenn Du Deine Arbeit besonders gut machst, gibt es für den Arbeitgeber außerdem die Möglichkeit, dir eine Bonuszahlung zukommen zu lassen.

Deine Strategie

Besonders wichtig ist, dass Du Dir im Vorfeld überlegst, welche Arbeiten Du wahrscheinlich besonders gut oder besonders schnell erledigen kannst. Das Ganze sollte Dir außerdem natürlich auch eine gewisse Freude bereiten.

Am besten ist es, Du schaust erst einmal bei den Portalen (siehe unten) vorbei und machst Dir eine Vorstellung davon, was es so alles gibt. Welche genauen Kategorien gibt es? Welche Art von Jobangeboten befinden sich in den einzelnen Kategorien?

Wenn es etwas konkreter wird und Du Dir vorstellen kannst, den einen oder anderen Job anzunehmen, dann solltest Du zu allererst Dein Profil auf Vordermann bringen und eventuell leicht abändern, sodass es auf das Jobangebot, das Du annehmen willst, zugeschnitten ist. Hebe dazu genau diejenigen Fähigkeiten auf Deinem Profil hervor.

Bevor Du einen Job annimmst, solltest Du Dir selbstverständlich auch die Jobbeschreibung genau durchlesen: Besitze ich die Fähigkeiten, den Job zu erledigen? Wann ist Abgabetermin, schaffe ich das?

Mit der Zeit sammelst Du immer mehr Erfahrung und kannst unter Umständen sogar Deinen Stundenlohn anheben. Besonderen Wert legen die Arbeitgeber in der Regel auf das Einhalten der Deadline, offene und transparente Kommunikation sowie Ehrlichkeit, solltest Du beispielsweise einmal krank sein.

Ressourcen

upwork (EN)
Auf dieser Plattform findest Du Arbeitgeber aus ganz verschiedenen Ländern. Neben vielen deutschen Angeboten gibt es von daher ein besonders großes englischsprachiges Angebot.
https://www.upwork.com/

twago (DE)
Ebenfalls eine sehr professionelle Freelancer-Plattform mit Sitz in Berlin. Wahrscheinlich ist dies die größte Plattform in Europa. Im Moment gibt es twago in 11 verschiedenen Sprachen und Ländern!
https://www.twago.de/

myliltlejob (DE, IT, ES, EN)
Diese Plattform richtet sich insbesondere an Studenten. Jobs umfassen Recherche, Datenpflege, Umfragen, Übersetzungen und viele mehr.
https://www.mylittlejob.de/

clickworker (DE, EN)
Bei clickworker werden einem nach Anmeldung verschiedene Mikrojobs zugeteilt, beziehungsweise vorgeschlagen. Zu den Jobs zählen Texte zu erstellen oder zu korrigieren, an Umfragen teilzunehmen und Daten zu recherchieren und zu kategorisieren.
https://www.clickworker.de/clickworker/

99designs (EN)
Die wohl bekannteste Plattform für Designer. Hier können Auftraggeber Projekte ausschreiben, auf die sich die Designer bewerben können, indem sie einen ersten Entwurf einschicken. Wird das eigene Design genommen, so wird dieses abgerundet und es winken mehrere hundert Euro als Vergütung.
https://en.99designs.de/

textbroker (DE)
Hier wirst Du für das Schreiben von Texten pro Wort bezahlt oder kannst selber auch Texte in Auftrag geben.
https://www.textbroker.de/

<u>Weitere Freelancer Plattformen:</u>
Rent a coder (EN)
http://www.rent-acoder.com/

crowdSPRING (EN)
https://www.crowdspring.com/

Freelancer (EN)
https://www.freelancer.com/

Guru (EN)
http://www.guru.com/

#2 Baue ein Team auf und biete Dienstleistungen an

Mit dieser Strategie wirst Du zum perfekten Koordinator.

Während Du Dein Team für Dich arbeiten lässt, kümmerst Du Dich darum, Dein eigenes Geschäft vorwärtszubringen.

Dein Team stellst Du dabei nicht fest ein, sondern bezahlst es je nach abgeschlossenem Projekt. Zwar trägst Du das finanzielle Risiko, doch ist dieses auf das jeweils laufende (Mini)Projekt begrenzt.

Deine Fähigkeiten

Du solltest auf jeden Fall Spaß an der Koordination haben. Wenn ein Mitglied Deines Teams in Verzug ist, musst Du ihm auf die Finger klopfen können, damit auch Du Deine Deadlines einhalten kannst.

Darüber hinaus ist es hilfreich, wenn Du grundlegende mathematische Kenntnisse hast, um eine Kosten- Nutzen- analyse durchzuführen. Am Ende des Tages gehst Du für eine kurze Zeit für Dein Team in Vorleistung. Von daher ist es definitiv von Vorteil, wenn Du schon einen gewissen Kapitalpuffer aufgebaut hast.

Der Ablauf

Du befindest Dich genau an der Schnittstelle zwischen den gesamten Arbeitsabläufen. Du ziehst die Aufträge an Land, beziehungsweise musst Deine Leistungen anbieten. Dafür kannst Du entweder Deine eigene Internetseite benutzen oder eine der gängigen Freelancer-Plattformen (siehe #1). Ich empfehle Dir jedoch, eine eigene Internetseite höchstens als Ergänzung zu nutzen. Verlässt Du Dich nämlich bloß auf Deine Internetseite, musst Du wahrscheinlich sehr viel Zeit und Kapital aufwenden, um Kunden auf dieselbe zu locken und diese dann noch in Aufträge umzuwandeln.

Je nachdem, welche Fähigkeiten Du hast und über wie viel Kapital Du verfügen möchtest, lagerst Du große Teile der Wertschöpfungskette komplett aus. Selbst wenn Du auf dem einen oder anderen Gebiet gar nicht so schlecht bist, lohnt es sich meistens, auch diese Tätigkeiten komplett auszulagern. Damit gewinnst Du nicht nur Zeit, sondern sorgst außerdem dafür, dass Dein Geschäftsmodell skalierfähig wird.

Wenn Du nun beispielsweise den Auftrag bekommst, eine Internetseite zu programmieren, musst Du selbst gar keine Programmierkenntnisse haben. Du greifst einfach auf Dein Team zurück, welches Du im Internet rekrutierst. Dafür gibt es Seiten wie fiverr oder tennerr, wo Du ganz spezielle Dienstleistungen für kleines Geld, auslagern kannst.

Zum Beispiel könntest Du dort für etwa 20 € eine Wordpress Installation einrichten lassen, für ca. 10 € ein Logo designen lassen, zwei oder drei Blogeinträge á 10 € schreiben lassen und auch noch die Suchmaschinenoptimierung für 15 € bis 90 € auslagern. Insgesamt belaufen sich Deine Kosten in diesem Beispiel auf maximal 90 €.

Deinem Kunden gegenüber kannst Du jeden einzelnen dieser Aspekte dabei teurer verkaufen. Am Ende des Tages sind es ja schließlich auch Deine Kontakte und Dein Know-How, ohne das Dein Kunde niemals diesen günstigen Preis bekommen würde. So ein Paket könntest Du je nach Umfang locker für mehrere hundert, wenn nicht sogar für gut 1000 € oder mehr verkaufen. Deine Marge bei einem Verkauf für 1000 € beträgt dabei 85%, also stolze 850 €!

Deine Strategie

Von ganz entscheidender Bedeutung für diese Strategie sind Deine Koordinationsfähigkeit und die Auswahl Deines Teams. Grundsätzlich musst Du bei der Auswahl deiner Teammitglieder darauf achten, dass Du zu 100% zufrieden mit ihrer Arbeit bist und dass diese ihre Deadlines einhalten können. Dein gesamtes Team ist nur so stark, wie sein schwächstes Mitglied!

Um also die Zufriedenheit für Deine Kunden zu gewährleisten, solltest Du Dir besonders zu Beginn extra viel Zeit nehmen, die richtigen Leute zu finden. Eine Möglichkeit der Qualitätskontrolle im Vorfeld könnte zum Beispiel ein Skype-Interview sein, welches Du mit ihnen durchführst. Natürlich ist dies nur bei etwas größeren Aufträgen, ab etwa 30 € nötig.

Alternativ kannst Du sie natürlich auch über die Plattformen anschreiben und ein paar Fragen stellen. Dabei siehst Du direkt, wie schnell sie antworten, also wie pflichtbewusst und schnell sie sind. Darüber hinaus solltest Du Dir auch unbedingt die Kommentare von früheren Auftraggebern anschauen. Meistens kann man dort recht schnell erkennen, ob die Person tendenziell gute oder schlechte Arbeit abliefert.

Hast Du Dein effizientes Team einmal beisammen, dann brauchst Du den Rekrutierungsprozess nur noch für Spezialwünsche, die von Deinem Team nicht durchgeführt werden können. Deshalb macht es Sinn, wenn Du Dich bei Deinen Angeboten auf einen bestimmten Bereich spezialisierst. So musst Du nicht ständig neue Leute anheuern und bekommst ein Gefühl für die Wünsche und Prioritäten Deiner Klienten.

Wichtig ist, dass Du immer jemanden in der Hinterhand hast, falls ein Teammitglied gerade einmal nicht kann, weil vielleicht der Laptop kaputtgegangen, die Person krank oder sonst etwas ist.

Ein guter Tipp ist ebenfalls, die Klienten, die Du hast, wenn möglich noch über das Projekt hinaus zu betreuen. Solltest Du wie im Beispiel Internetseiten machen, dann könntest Du einen Pauschalpreis dafür verlangen, dass Du nach jedem neuen Update von Wordpress die Version umstellst. Du könntest außerdem eine Art Abo anbieten und in regelmäßigen Abständen Blogartikel für sie veröffentlichen. Für jede dieser Dienstleistungen beauftragst Du natürlich wieder jemanden günstiger und überlegst Dir vorher, für wie viel Du diese Dienstleistung weiterverkaufen möchtest.

Für Blogartikel oder auch die Internetseite kannst Du Dich außerdem Stockportalen wie Pexels (https://www.pexels.com/) und Pixabay (https://pixabay.com/) bedienen, auf denen Du lizenzfreie Fotos herunterladen und benutzen kannst.

Weitere Ideen für Deinen neuen Koordinationsberuf sind: Kurzvideos, Erklärvideos, Übersetzungen, eBooks, Apps, E-Mail-Marketing, SEO, Corporate Design, T-Shirts und viele mehr. Schau Dich einfach mal auf fiverr und tennerr um und werde erfinderisch :)

Trick 17: Schau Dich in Deiner Umgebung / Stadt um. Vielleicht kannst Du direkt persönlich bei einem Café, Kiosk, Restaurant, Bioladen oder Bekleidungsladen mit einem Tablet vorbeischauen und Deine Arbeit präsentieren. Gerade für kleinere Läden könntest Du eine kostengünstige Alternative zur Konkurrenz darstellen.

Ressourcen

fiverr (EN)
Diese Plattform ist auf zwar auf Englisch, bietet aber eine regelrechte Fülle an Dienstleistungen und Mikrojobs. Die meisten Dienstleistungen fangen bei ca. 5 $ an. Meistens ist man über die Resultate überrascht, denn die Anbieter sind hochspezialisiert. Trotzdem gibt es teilweise enorme Qualitätsunterschiede, sodass Du Dir unbedingt die Kommentare von früheren Auftraggebern durchlesen musst. Von allen Plattformen ist fiverr die bekannteste und wohl auch die zuverlässigste.
https://www.fiverr.com/

tennerr (DE)
Das deutsche Pendant zu fiverr ist tennerr. Dort findest Du Mikrojobs in deutscher Sprache. Doch es gibt dort bei weitem nicht so viele Angebote wie auf fiverr. Trotzdem lohnt es sich, einen Blick hinein zu werden. Angebote beginnen ab ca. 10 €.
https://tennerr.de/

Weitere Portale, auf denen Du Mikrojobber anheuern kannst, sind:
fourerr (EN)
https://www.fourerr.com/

zeerk (EN)
https://zeerk.com/

Gigbuck$ (EN)
http://gigbucks.com/

seoclerks (EN)
https://www.seoclerks.com/

tenrr (EN, FR, ES, PT, ISR)
http://www.tenrr.com/

fivesquid (EN)
https://www.fivesquid.com/

geniuzz (ES)
https://www.geniuzz.com/

ffiver (EN)
http://www.ffiver.com/

TaskArmy (EN)
https://taskarmy.com/

DoJobsOnline (EN)
http://www.dojobsonline.com/

Darüber hinaus kannst Du Dich selbstverständlich der Ressourcen aus #1 bedienen. Diese sind aber in der Regel teurer. Dort solltest Du lieber Deine eigenen Dienste anbieten.

#3 Werde Crowdtester: Teste Webseiten und Apps

Als Tester von Webseiten und Apps gibst Du wertvolles Feedback an Unternehmen. Mit Hilfe Deiner Informationen zu verschiedenen Prozessen und Abläufen können sie die Usability und das Kundenerlebnis stetig verbessern. Zwar mag es pro Portal nur ein limitiertes Kontingent an Angeboten geben, jedoch sollte man diese mitnehmen, da sie in der Regel gut bezahlt werden. Je schneller Du bist, desto höher ist dabei logischerweise auch Dein Stundenlohn.

Deine Fähigkeiten

Für diese Art von Aufgaben brauchst Du keine besonderen Fähigkeiten. Lediglich einen Computer oder Handy solltest Du bedienen können.

Der Ablauf

Nach der Anmeldung bei einem der unten genannten Portale musst Du meistens Dein Profil vervollständigen und ein paar Angaben zu Dir machen. Dazu gehört meistens Dein Geschlecht, Dein Alter, Dein Wohnort und so weiter, damit Du einer Zielgruppe zugeordnet werden kannst.

Meistens wird man allerdings erst dann angeschrieben, wenn ein Test durchgeführt wird und man in die Zielgruppe der Tester fällt.

Also kann es hierbei schon sein, dass man ein paar Tage warten muss, bevor man eine Einladung, meistens per E-Mail, bekommt.

Die Tests selbst sind ähnlich aufgebaut. Wenn man Unstimmigkeiten entdeckt, sollte man unbedingt direkt einen Screenshot machen. Bei manchen Anbietern muss man sich auch eine Testsoftware herunterladen. Die Testdauer beträgt meistens ca. eine halbe Stunde. In der Regel hat man nur wenige Tage Zeit, die Tests durchzuführen.

Deine Strategie

Am besten Du meldest Dich direkt auf mehreren Portalen an, um Deine Chancen auf eine Zuteilung zu erhöhen. Manche Portale zahlen Dir sogar eine kleine Extra-Vergütung, wenn Du als erstes einen Fehler findest - hier ist es also klar von Vorteil, kurz nach E-Mail Eingang mit dem Test zu beginnen.

Selbstverständlich wird das nicht immer funktionieren. Aber das ist nicht schlimm, da Du ja selbst (bis zur Deadline) entscheiden kannst, zu welcher Uhrzeit und an welchem Tag Du den Test machen möchtest. Ich empfehle Dir die Tests nur als vervollständigende Einnahmequelle, da sie leider nicht planbar sind.

Ressourcen

Testbirds (DE, EN, PL)
Eine Testplattform in München, die mit einer fairen Bezahlung, derzeit 20 Euro pro Test, überzeugt. Meistens gibt es hier für jeden „Bug" den Du findest extra Geld. Kunden von Testbirds sind unter anderem Audi, Allianz, DHL, n-tv, Deutsche Post, Süddeutsche.de und viele mehr.
https://nest.testbirds.com/#tester

UserTesting (EN)
Diese Plattform hat ihren Sitz in Kalifornien. Für die Tests ist es hier erforderlich, dass man ein Mikrofon hat und seine Gedanken auf Englisch aussprechen kann. Kunden von UserTesting sind u.a. Apple, Microsoft, Twitter, Ebay, Adobe, Facebook, Dropbox, Evernote, Wikipedia, Yahoo und viele mehr. Pro Test bekommt man hier 10 Dollar.
https://www.usertesting.com/be-a-user-tester

Test IO (DE, EN)
Test IO bezahlt momentan bis zu 50 Euro für die gefundenen „Bugs". Findet man keine Fehler, dann gibt es hier auch kein Geld. Das ist gerade am Anfang unschön, trotzdem gibt es bei Test IO auch eine garantierte Bezahlung für ein Paar Aufgaben. Kunden von Test IO sind u.a. Soundcloud, Lacoste, Boss, Unity und viele mehr.
https://test.io/de/become-a-tester/

g!profit (DE)
Du nimmst hier an kostenlosen Aktionen teil und bekommst dafür von g!profit eine Provision ausgeschüttet. Zu den Aktionen zählen unter anderem Umfragen, Spieletests, Produkttests, Forentests und Gewinnspiele.
http://www.gprofit.de/

Weitere deutsche Plattformen sind:
rapidusertests (DE)
https://rapidusertests.com/tester/home

TestTailor (DE, EN)
https://www.testtailor.com/de/

passbrains (DE, EN)
https://platform.passbrains.com/de/register/member

Applause (DE, EN, ES, FR)
https://www.applause.com/de/

toluna (DE, weltweit)
https://de.toluna.com/

#4 Werde Musik- und Modekritiker

Für Musikproduzenten, Künstler und Modedesigner ist es extrem wichtig, VOR der Veröffentlichung von ihren Werken ein Feedback über die Qualität genau dieser zu erhalten. An der Stelle kommst Du ins Spiel: Du schaust beziehungsweise hörst sie Dir an und gibst eine möglichst ehrliche und kritische Bewertung ab.

MOMENTAN KÖNNEN LEIDER KEINE BEWERTUNGEN AUS DEM DEUTSCHSPRACHIGEN RAUM ABGEGEBEN WERDEN. MAN KANN SICH ABER BENACHRICHTIGEN LASSEN, WENN ES WIEDER MÖGLICH IST.

Deine Fähigkeiten

Je besser Deine Kritiken sind, desto mehr verdienst Du auch.

Du solltest Dich gut in der englischen Sprache ausdrücken können, da das Portal auf Englisch ist.

Dazu gehört auch, möglichst keine Rechtschreibfehler zu machen. Darüber hinaus ist es mit Sicherheit hilfreich, schnell tippen zu können, da dies Deinen Zeitaufwand reduziert.

Der Ablauf

Nach der Anmeldung kannst Du Dich einloggen und loslegen. Du wählst eine Kategorie aus, die Du gerade bewerten möchtest. Handelt es sich um Musik, dann musst Du Dir die Stücke mindestens 90 Sekunden lang anhören, bevor Du eine Bewertung abgeben kannst. Bei Mode und anderen Dingen schaust Du Dir dagegen ein Bild an und liest die Artikelbeschreibung.

Deine Bewertung besteht schließlich aus einem von Dir verfassten Text und der Vergabe von bis zu 10 Sternen. Manchmal musst Du auch noch die eine oder andere Frage beantworten. Dann kannst Du schon den nächsten Song / Artikel / etc. bewerten.

Auszahlungen kannst Du immer veranlassen, solange die Summe über 10 Dollar ist. Du brauchst dafür einen PayPal Account. Die E-Mail-Adresse des PayPal Accounts muss außerdem mit Deiner beim Portal registrierten E-Mail Adresse übereinstimmen.

Deine Strategie

Um nun das optimale Ergebnis aus dieser Geldquelle herauszubekommen, solltest Du Dir einmal zu Beginn Gedanken darüber machen, wie eine wirklich gute Rezension denn aussieht. Dazu gehört zum einen der erste Eindruck, zum anderen aber eben viele kleine Details. Je konkreter Du bist, desto eher kann der Künstler auch etwas mit Deinem Feedback anfangen.

Wenn Deine Kritiken gut sind, wirst Du heraufgestuft und dann verdienst Du pro Bewertung mehr Geld. Dabei solltest Du keine Romane schreiben, sondern Deinen Standpunkt in wenigen kurzen Abschnitten darlegen. Aus Erfahrung kann ich Dir folgende Struktur empfehlen:

Beschreibung Gesamteindruck (1 Satz)

Beschreibung Ersteindruck (1 Satz)
Begründung/Beispiel Ersteindruck (1-2 Sätze)
Fazit Ersteindruck (1 Satz)

Beschreibung zweiter Eindruck (1 Satz)
Begründung/Beispiel zweiter Eindruck (1-2 Sätze)
Fazit zweiter Eindruck (1 Satz)

Gesamtfazit (1 Satz)

Wenn Du diese Struktur einmal verinnerlicht hast, kannst Du die Bewertungen in kürzester Zeit „runterschreiben". Die Struktur ist der rote Faden, den auch der Leser bemerkt. Bei Bedarf kannst Du auch gerne noch einen dritten oder vierten Eindruck vor dem Gesamtfazit hinzufügen.

Grundsätzlich solltest Du bei der Beschreibung immer Deine Gefühle zum Ausdruck bringen, am besten mit vielen bzw. kräftigen Adjektiven. Am Anfang solltest Du dazu unbedingt einen Thesaurus (Synonymwörterbuch) benutzen. (http://www.thesaurus.com/)

Es kann auch hilfreich sein, sich vorher ein paar Ausdrücke aufzuschreiben. So kannst Du bei den Bewertungen immer wieder auf die vorformulierten Ausdrücke zurückgreifen und diese dann in den entsprechenden Kontext bringen.

Da nun die Bewertungen auf Englisch erfolgen sollen, schreibst Du sie am besten in einem Programm, welches Dich automatisch korrigiert. Dazu kannst zum Beispiel Microsoft Word benutzen. Ich empfehle Dir an dieser Stelle eine App bzw. Add-In namens Grammarly (https://app.grammarly.com/). Grammarly unterstreicht automatisch Wort- und Grammatikfehler während Du diese im Browser in einem Textfeld eingibst. Schon kannst Du sie schnell ausbessern.

Insgesamt empfehle ich Dir, Dir einen Wecker zu stellen und eine halbe Stunde am Stück zu bewerten und dann eine kurze Pause zu machen oder etwas anderes zu tun. Sonst lässt Deine Geschwindigkeit und Aufmerksamkeitsspanne nach.

Ressourcen

slicethepie (EN)
Dieses Portal ist in seiner Form bisher einzigartig. Mit ein bisschen Übung kannst Du schnell ein paar gute Rezensionen schreiben und aufsteigen. Bald soll außerdem eine App von slicethepie herauskommen. Diese würde Dir erlauben, dass Du beim Busfahren, Schlange stehen und auch sonst überall wo Du Internet hast, die Werke bewerten und damit zusätzlich Geld verdienen kannst.

Wenn Du einen Freund oder Bekannten von slicethepie überzeugst und sich dieser über Deinen Link anmeldet, bekommst Du übrigens jedes Mal einen kleinen finanziellen Bonus, wenn dieser eine Bewertung durchführt – gar nicht so schlecht, oder?
https://www.slicethepie.com/join/UA3AB033

#5 Erhalte Geld fürs Geldausgeben

Hierbei handelt es sich um sogenannte Cashback-Portale. Sie machen sich das Werbe-Budget der Firmen und ihr Affiliate-System zunutze. Normalerweise bekommt derjenige eine Provision ausgeschüttet, der einen zahlenden Neukunden wirbt oder ein guter Kunde im Rahmen eines Treuprogrammes ist.

Diese Portale leiten die Vermittlungsgebühr, die ihnen die Firmen zahlen, an ihre Mitglieder weiter.

Deine Fähigkeiten

Du musst Dich lediglich einmal bei dem Cashback-Portal anmelden und Deine online Einkäufe ab sofort bei dem Cashback-Portal beginnen.

Der Ablauf

Sobald Du Deinen Account erstellt hast und eingeloggt bist, kannst Du genau sehen, welche Unternehmen beim Cashback mitmachen und wie viel man je Anbieter an Geld oder manchmal auch an Wertgutscheinen zurückbekommt.

Du kannst dabei ganz gezielt nach Deinen Lieblingsunternehmen suchen. Sobald Dir ein Cashback-Angebot gefällt, klickst Du lediglich auf den angegebenen Affiliate-Link im Cashback-Portal. Das System registriert dann automatisch, dass Du von der Cashback-Seite gekommen bist und ermittelt die Höhe des Einkaufwerts und des Cashbacks.

Sobald der Händler den Kauf bestätigt und die Vermittlungsprovision an das Cashback-Portal zahlt, wird diese auch auf Deinem Cashback-Konto gutgeschrieben.

Deine Strategie

Da man nur über einen Affiliate-Link gleichzeitig einkaufen kann, macht es kaum Sinn, sich bei sämtlichen Portalen auf einmal anzumelden. Am Ende des Tages ist dasjenige Portal am besten, welches Du auch benutzen wirst. Schaue Dir also in Ruhe die verschiedenen Cashback-Portale an und entscheide Dich für eins, welches Dir sympathisch ist.

Ein weiteres Auswahlkriterium sollte die Shopauswahl sein. Selbst wenn ein Portal vielleicht sehr viele Shops hat, Du aber in diesen lieber nicht einkaufen möchtest, dann ist ein Portal mit weniger, aber qualitativ hochwertigeren Shops definitiv besser. Aus dem Grund habe ich Dir auch ein paar der kleineren Cashback-Portale mit aufgeführt. Melde Dich ruhig bei ein paar verschiedenen Portalen an, die insgesamt die meisten Deiner Lieblingsshops abdecken.

Ressourcen

Preisheld (DE)
https://www.preisheld.de/

Shoop (DE)
https://www.shoop.de/

swagbucks (DE)
https://www.swagbucks.com/

link-o-mat (DE)
https://www.link-o-mat.com/

getmore (DE)
https://www.getmore.de/

igraal (DE)
https://de.igraal.com/

Andasda (DE)
https://www.andasa.de/

questler (DE)
https://www.questler.de/

tamola. (DE)
http://www.tamola.de/

cosma (DE)
https://www.cashee.de/

EuroClix (DE, FR, NL, BE)
https://www.euroclix.de/

primusportal (DE)
http://www.primusportal.de/

meinanteil (DE)
http://www.meinanteil.de/

yenomi (DE)
http://www.yenomi.de/

#6 Werde Affiliate-Partner

Genau wie im vorherigen Kapitel nutzt Du die Vermittlungsprovision der Unternehmen. Der kleine Unterschied: Anstatt selber einkaufen zu müssen, erstellst Du Deine eigenen Affiliate-Links und überzeugst andere Personen davon, über Deine Links einzukaufen.

Deine Fähigkeiten

Du solltest ein „sozialer Mensch" sein, der gut vernetzt ist.

Dein Erfolg hängt maßgeblich davon ab, wie viele Leute Du erreichen und zum Einkaufen überzeugen kannst.

Dabei musst Du natürlich nicht jeden einzeln anschreiben, sondern bedienst Dich an Social und Digital Media. Von Vorteil ist also definitiv, wenn Du bereits ein Publikum in irgendeiner Form hast. Dieses kann beispielsweise über Deine eigene Internetseite, Deine Facebook-Gruppe, Deinen Twitter- oder Instagram-Account, Deine E-Mail Liste etc. kommen.

Der Ablauf

Du meldest Dich im ersten Schritt bei einem Anbieter für Affiliate-Programme an. Je nach Anbieter hast Du entweder eine riesige Auswahl an Produkten oder auch nur einige wenige, die Du weitervermarkten kannst. Entscheidend für die Auswahl Deines Affiliate-Partners sollte in erster Linie sein, welche Zielgruppe Du bereits aufweist, beziehungsweise an welche Zielgruppe Du die Produkte weitervermarkten willst. Die Provision ist auch je nach Anbieter unterschiedlich und reicht von einem Fixum bis zu 100% der Einnahmen.

Der zweite Schritt besteht nun darin, Dein Publikum davon zu überzeugen, über Deinen Affiliate-Link bei Deinem Partner einzukaufen.

Beachte hierbei vor allem, dass Du rechtlich auf der sicheren Seite bist, wenn Du solche Links als Affiliate-Links kennzeichnest.

Hat ein Kunde schließlich über Deinen Link gekauft, bekommst Du die Provision meistens im Folgemonat auf Dein angegebenes Konto überwiesen.

Deine Strategie

Je nachdem, welchen sozialen oder digitalen Kanal Du benutzt, um Dein Publikum zu erreichen, ändert sich auch Deine Strategie leicht. Was aber jede davon gemeinsam hat, ist, dass Du dafür sorgen musst, dass Dich Dein Publikum mag. Nur so kannst Du gewährleisten, dass es auch über Deine Affiliate-Links einkauft. Die Alternative wäre aufdringliche Werbung, die keiner haben möchte.

Wie erreichst Du es also, dass Dein Publikum Dich mag? Du musst sie mit wertvollem und großartigem Inhalt an Dich binden. Hast Du einen Blog, dann veröffentliche hochwertige Artikel, die auf großes Interesse stoßen. Besitzt Du eine Facebook-Gruppe, geht es darum, das Publikum regelmäßig zu „bespaßen“, passend natürlich zum Gruppeninhalt. Bei Instagram veröffentlichst Du originelle Fotos und bei YouTube überzeugst Du vor der Kamera mit Deiner Persönlichkeit.

Auf diese Weise etablierst Du Dir einen Expertenstatus für einen bestimmten Bereich und kannst dann bei Deinen Veröffentlichungen einen oder mehrere Affiliate-Links platzieren. Der riesen Vorteil ist, dass Du den Inhalt einmal erstellst, die Verlinkung aber theoretisch unendlich lange existiert und Dir hoffentlich lange Einnahmen beschert, ohne dass Du später noch aktiv etwas dafür tun müsstest – abgesehen davon dafür zu sorgen, dass Dich genug Leute finden natürlich. Je nach Besucherzahl (Traffic) und Kauflaune (Conversion) kann es richtig lange dauern, bis genug Leute auf Deine Links klicken.

So oder so solltest Du Dich mit Suchmaschinenoptimierung (Search Engine Optimization, kurz SEO) auseinandersetzen und diese auf Deinen sozialen oder digitalen Kanal abstimmen.

Ressourcen

Hier habe ich Dir eine Auswahl an Affiliate-Programm-Anbietern zusammengestellt. Während wir bisher nur Erfahrung mit einigen wenigen gemacht haben, sind diese die Bekanntesten und Beliebtesten.

Melde Dich zunächst nur bei 1-3 Anbietern an und setze Dich mit ihren Affiliate-Programmen (viele von bekannten und renommierten Partnern) auseinander. Wenn Dir das Angebot gefällt, kannst Du Dich an die Eingliederung in Deine Veröffentlichungen machen. Nach den ersten Monaten entscheidest Du schließlich, ob Du noch weitere Anbieter dazu nimmst oder nicht. Das Kriterium sollte sein, dass Du Deine Folgschaft nicht mit Werbung zumüllst, sondern ein gezieltes Angebot offerierst, welches zu Deiner Veröffentlichung passt.

amazonPartnerNet (DE, EN, FR, JPN, CHN, IT, ES, PT, IND)
Verdiene bis zu 10% Kommission für eine Fülle von Produkten. Das besondere bei dem Programm von Amazon ist, dass man auch eine Provision für diejenigen Produkte bekommt, für die man gar nicht geworben hat. Sobald der Besucher einmal auf Deinen Link geklickt hat, wird ein Cookie gesetzt. Dieser ist dann 24 Stunden gültig oder solange, bis er durch ein neues Cookie von jemand anderem überschrieben wird. Für alle Käufe, die ein Kunde innerhalb dieser Zeit über Amazon tätigt, wird Dir die entsprechende Provision angerechnet.
https://partnernet.amazon.de/

affilinet (DE, NL, ES, FR, EN)
https://www.affili.net/de/publisher

check24 (DE)*
https://a.check24.net/misc/click.php?pid=98458&aid=18

digistore24 (DE, EN)
https://www.digistore24.com/de/affiliates

Awin (DE, FR, EN, NL, PT, BE, ES, IT, PL, FIN)
https://www.awin.com/de

ADCell (DE)
https://www.adcell.de/

TradeTracker (DE, 19 Länder)
https://tradetracker.com/publishers/

Matomy (DE, 100 Länder)
http://www.matomy.com/publisher-registration/

webgains (DE, FR, IT, NL, ES, FIN, EN)
http://www.webgains.de/public/publisher/

daisycon (DE, NL, FR, EN)
https://www.daisycon.com/de/publisher/

SuperClix (DE)
https://www.superclix.de/

belboon (DE, EN, FR, ES)
https://www.belboon.com/de/partnerprogramme/

finanzen.de (DE)
http://www.finanzen.de/partnerprogramm

financeADs (DE, ES, FR, EN, IT, NL, PL)
https://www.financeads.net/publisher/

SeedingUp (DE, EN, ES, FR, IT)
https://www.seedingup.de/publisher/

FQ finance quality (DE)
https://www.financequality.net/fuer-publisher/

googleAdSense (DE, mind. 40 Länder)
https://www.google.de/adsense/start/

aklamio (DE, ES, FR, IT, EN)
https://www.aklamio.com/

#7 Verkaufe gebrauchte Gegenstände

Wahrscheinlich ist dies der offensichtlichste Weg, Geld im Internet zu verdienen.

Du verkaufst Deine alten CDs, DVDs, Spiele und sonstige Dinge, die Du nicht mehr brauchst und die bei Dir nur Staub fangen.

Deine Fähigkeiten

Du solltest in der Lage sein, digitale Fotos von den Dingen zu schießen, die Du verkaufen möchtest. Darüber hinaus ist es hilfreich, wenn Du schnell tippen kannst (Produktbeschreibung) und bereits ein wenig Erfahrung beim Verpacken und Versenden von Gegenständen hast.

Der Ablauf

Im ersten Schritt sondierst Du diejenigen Dinge in Deinem Haushalt aus, die Du gerne verkaufen möchtest. Bei der Gelegenheit kannst Du gleich alte Sachen wegschmeißen, von denen Du denkst, dass Du kein Geld mehr dafür bekommst und die Du auch nicht mehr (wirklich) benutzt.

Behalte beim Sondieren im Hinterkopf, dass in der Regel nur Dinge gekauft werden, die auch noch funktionieren und nur kleinere „Macken" haben. Solltest Du allerdings etwas teuer gekauft haben, das nicht mehr funktioniert, dann kannst Du versuchen, es mit dem Hinweis „defekt" oder „für Bastler" weiterzuverkaufen. Das könnte zum Beispiel eine Espressomaschine oder ein Kühlschrank sein.

Im zweiten Schritt machst Du nach Möglichkeit schöne Fotos von den Verkaufsobjekten und lädst diese dann auf die Verkaufsplattform hoch. Hinzu kommen Deine Artikelbeschreibung und der Angebotspreis. Bei der Beschreibung solltest Du unbedingt wahrheitsgemäß über den

Zustand des Artikels Auskunft geben. Lege fest, ob der Artikel für Selbstabholer gedacht ist oder ob Du diesen versenden wirst und falls ja, wie teuer der Versand sein wird. Überlege Dir außerdem, ob Du den Verkaufspreis als Verhandlungsbasis anbieten möchtest, als Auktion oder als Festpreis.

Nachdem Du alle notwendigen Daten angegeben hast, läuft Dein Angebot. Wird der Artikel von jemandem gekauft, dann bekommt, je nach Plattform, diese eine Verkaufsprovision vom Verkaufspreis. Anschließend musst Du den Artikel, so wie Du es angegeben hast, an den Käufer verschicken.

Deine Strategie

Zwar kannst Du je nach CD oder DVD zwar zehn oder zwanzig Euro dazuverdienen, doch mache Dir bewusst, dass Dein Zeitaufwand dagegensteht. Wichtig ist also, dass Du so schnell wie möglich arbeitest.

Um dies zu erreichen, solltest Du Dir einen Tag auswählen, an dem Du sämtliche Artikel abfotografierst, hochlädst und beschreibst. Sinnvollerweise machst Du es an einem Tag, an dem Du eh nicht arbeiten würdest, vielleicht an einem Samstag oder Sonntag.

Gucke vorher auf die Uhr und mache Dir schnell einen kleinen Zeitplan mit Etappenzielen:

<u>Teil 1</u>
15 Minuten alle Dinge ins Wohnzimmer bringen.
15 Minuten alles abfotografieren (denke an eine gute Lichtquelle und einen sauberen Hintergrund).
5 Minuten die Dinge wieder zurückräumen.
10 Minuten alle Fotos auf den Rechner laden.

<u>15 Minuten kurze Pause.</u>

Teil 2
5 Minuten einen Artikel im Portal hochladen.
5 Minuten den aktuellen Marktpreis herausfinden. (U.U. im selben Portal)
5 Minuten die Artikelbeschreibung erstellen.

Je nachdem wie viele Artikel Du verkaufen möchtest und wie schnell Du arbeitest, bist Du entsprechend schneller oder langsamer.

Hinterher kommt natürlich noch der Zeitaufwand für den Versand hinzu.

Falls Du Deine Artikel als Auktion eingestellt hast und merkst, dass Du diesen nicht zum angegebenen Preis verkaufen möchtest, dann kannst Du einen Freund darum bitten, den Artikel für Dich zu ersteigern oder durch sein Mitbieten den Preis hochzuziehen.

Merkst Du, dass Du recht gut im Verkaufen bist, dann solltest Du Dir überlegen, ob Du nicht Deinen Freunden und Bekannten anbieten möchtest, auch Ihre Artikel gegen Provision zu verkaufen. Viele Leute sind froh, wenn Du Ihnen dabei hilfst, etwas Platz zu schaffen. Einige Portale haben auch bereits eine App. So kann man die Fotos direkt problemlos mit dem Handy oder Tablet hochladen.

Ressourcen

eBay Kleinanzeigen (DE, weltweit)
Gerade für private Verkäufe ist eBay Kleinanzeigen gedacht, so dass man keine Angebotsgebühr für 50 angebotenen Artikeln innerhalb von 30 Tagen bezahlen muss. Der Fokus liegt hier vor allem auf lokalen Anzeigen für Deine Stadt.
https://www.ebay-kleinanzeigen.de/

eBay (DE, weltweit)
Hier ändert sich das Preismodell gerne öfters mal. Grundsätzlich kann man aber auch als privater Verkäufer erst einmal kostenlose Angebote hochladen. Ausgeschlossen davon sind bestimmte Kategorien. Beim Einstellen wählt man zwischen Auktion, und Festpreis.
http://www.ebay.de/

Bonavendi (DE)
Hier findest Du einen Vergleich von aktuellen Marktpreisen für verschiedene Portale. Damit kannst Du entweder die Entscheidung treffen, WO Du Deine Artikel verkaufen möchtest oder herausfinden, WIE VIEL diese aktuell wert sind. Momentan kann man nach Büchern, CDs, DVDs, Videospielen, Handys und Tablets suchen.
https://www.bonavendi.de/verkaufen/gebraucht.html

zoxs.de (DE)
Hier kann man seine gebrauchten Artikel direkt an zoxs.de zu einem Festpreis verkaufen, ohne dass man erst warten muss, bis ein Käufer den Artikel gekauft hat. Auch Lego, Duplo, Playmobil, Action-Figuren, Kameras, PC-Software, MP3-Player, eBook Reader, Tablets und Laptops gehören neben den üblichen Artikeln dazu. Das hat natürlich den riesen Vorteil, dass man sich Zeit und Mühe spart.
https://www.zoxs.de/index.html

reBuy (DE)
Genau wie zoxs.de ist reBuy ein Recommerce-Anbieter, bei dem man seine gebrauchten Artikel direkt an reBuy verkauft. Das Besondere bei reBuy: Ab 10 € Warenwert bekommt man bereits einen kostenloses Frankierschein für DHL oder Hermes.
https://www.rebuy.de/verkaufen/

forxo (DE)
Recommerce-Anbieter für Kleidung. Man gibt Marke, Menge und Qualität an und erhält ab 10 kg Gewicht sogar ein kostenloses Paketlabel.
https://www.forxo.de/de/

werzahltmehr.de (DE)
Ein Vergleichsportal, um herauszufinden, welcher Recommerce-Anbieter mehr für einen bestimmten Artikel bezahlt.
http://www.werzahltmehr.de/

Amazon Marketplace (DE, weltweit)
Bei Amazon kann man seine gebrauchten Artikel als Privatperson kostenlos anbieten. Wird gekauft, fällt eine Verkaufsprovision an.
https://www.amazon.de/gp/seller/sell-your-stuff.html/

markt.de (DE)
http://www.markt.de/

kalaydo.de (DE)
https://www.kalaydo.de/anzeigen/anzeige_aufgeben/

momox (DE)
https://www.momox.de/

#8 Multi-Level-Marketing

Beim Multi-Level-Marketing (MLM), auch Netzwerk Marketing genannt, geht es neben dem Verkauf von Produkten auf Provision zusätzlich um die Akquise von Vertriebspartnern.

Man erhält dann eine Provision für jedes verkaufte Produkt, welches ein geworbener Vertriebspartner verkauft.

Hinzu kommt meistens eine weitere Provision auf alle Verkäufe, die ein von Deinem geworbenen Vertriebspartner geworbener Vertriebspartner verkauft. Nach einigen Jahren harter Arbeit kann man sich dadurch ein schönes passives Einkommen aufbauen.

Dabei wird das MLM von vielen Menschen durchaus kritisch gesehen: Man rekrutiert seine eigene Konkurrenz, die Produkte sind teilweise stark überteuert und die Grenze zwischen Privat- und Geschäftsleben verschwimmt zunehmend.

Darüber hinaus ist Vorsicht vor unseriösen Anbietern geboten !

Außerdem findet man immer wieder negative Erfahrungsberichte die darauf hinweisen, dass gerade in den unteren Levels überhaupt nicht gut verdient wird.

Im Rahmen dieses Buches möchte ich Dir diese potentielle Einkommensquelle zwar nicht vorenthalten, weise Dich aber ausdrücklich darauf hin, dass ich sie zumindest für fragwürdig halte. Ich selber habe MLM vor Jahren und lediglich für einen Monat ausprobiert und konnte meine Ausgaben damit bei weitem nicht decken. Trotzdem habe ich dabei wertvolle Erfahrungen gesammelt und es hat auch Spaß gemacht, da alle an einem Strang gezogen haben und jeder seine Spezialfälle und auch seine Tricks großzügig geteilt hat.

Deine Fähigkeiten

Als „Vertriebler“ solltest Du redegewandt sein und Spaß daran haben, Kontakt mit anderen Menschen aufzunehmen und aufrecht zu erhalten. Schließlich besteht Deine Aufgabe darin, andere Menschen von Deinen Produkten und von der Eingliederung in Dein Team zu überzeugen.

Weiterhin solltest Du grundsätzlich auch gut mit anderen Menschen umgehen können, selbstsicher sein und gut motivieren können. Darüber hinaus ist starke Eigeninitiative gefragt.

Eventuell muss man auch einen niedrigen dreistelligen Eurobetrag selbst investieren. Das ist allerdings wenig im Vergleich zum Franchising, bei dem locker noch zwei oder drei Nullen drangehängt werden können. Je nach Unternehmen bezahlt man sein eigenes Werbematerial, Produktproben, Produkttrainings, Verkaufsseminare und ähnliches.

Es ist extrem wichtig, dass Du vor der Aufnahme dieser Tätigkeit und vor der Investition von eigenem Geld eine vernünftige Kosten-Nutzen-Kalkulation durchführst sowie Deine potentiellen Einnahmen berechnest.

Der Ablauf

Im ersten Schritt musst Du Dich für ein Unternehmen, welches ein MLM-Netzwerk anbietet, entscheiden. Dieser Schritt sollte sehr gut überlegt sein, weil sich Dein gebrachter Arbeitseinsatz in Luft auflösen könnte, falls Du Dich hinterher dafür entscheidest, aus dem Unternehmen wieder auszutreten, dieses größere Schwierigkeiten hat oder gar Insolvenz anmelden muss. Dann bräche mit einem Schlag Dein bis dahin aufgebauter passiver Einkommensstrom weg.

Nimm Dir also für diesen Schritt ruhig viel Zeit und lese Dir die Vertragsbedingungen und Provisionsmodelle der unterschiedlichen Unternehmen ganz genau durch. Achte vor allem darauf, dass das Unternehmen und seine Geschäftspraktiken transparent und seriös sind und Du ethisch dahinterstehen kannst. Frage nach Möglichkeit Personen, die bereits für das Unternehmen arbeiten. Leider gibt es in dem Bereich auch unseriöse Unternehmen mit Geschäftsmodellen, die letztlich nur dem Initiator nützen.

Hast Du Dich einmal für ein Unternehmen entschieden, dann bekommst Du in der Regel gerade zu Beginn gute Hilfestellung von Seiten des Unternehmens. Wahrscheinlich hast Du dann auch schon jemanden „über Dir", der für Dich verantwortlich ist und auch eine Provision für Deine Verkäufe bekommt. Es ist also in seinem ureigenen Interesse, Dich so gut wie möglich auszubilden, damit er hinterher selber so viel wie möglich passiv durch Dich mitverdient.

Es ist nicht unüblich, dass Du für die zu verkaufenden Produkte in Vorleistung gehen musst. Meistens gibt es aber eine Art Starterpaket, welches die meistverkauften Produkte enthält und daher „besonders leicht" ist.

Im nächsten Schritt geht es darum, diese Produkte und weitere an den Mann zu bringen. Dafür musst Du Deine persönlichen Kontakte aktivieren und auch das Internet bietet tolle Möglichkeiten, schnell mit anderen Menschen zu kommunizieren und Deine Angebote anzupreisen.

Kennst Du Dich nach einiger Zeit mit dem Produktkatalog der Firma aus und hast Erfahrung im Vertrieb dieser Produkte gesammelt, dann kannst Du Dich daranmachen, neue Vertriebspartner zu akquirieren. Dazu musst Du natürlich sämtliche Fragen zum Provisionsmodell, zur Firma und ihren Produkten beantworten können.

Viele Menschen kommen im Hinblick auf neue Vertriebspartner allerdings nicht über den eigenen Bekanntenkreis, „Family & Friends", hinaus. Von daher ist es unheimlich wichtig, dass Du Dich frühzeitig mit einer Akquisestrategie auseinandersetzt. Nur so kannst Du gewährleisten, dass Du Dir tatsächlich ein passives Einkommen aufbaust.

Hierbei ist es extrem wichtig, dass Du die neuen potentiellen Vertriebspartner gut motivieren kannst und sie „heiß machst", selber viel Geld verdienen und neue Vertriebspartner akquirieren zu wollen.

Sich das eigene Vertriebsnetz aufzubauen, verlangt mehrere Jahre harter Arbeit von Deiner Seite. Wenn man sich ordentlich ins Zeug legt, kann man aber „bereits" nach 5-6 Jahren ein stattliches Einkommen verdienen.

Deine Strategie

Zunächst solltest Du entscheiden, ob Du MLM Vollzeit oder Teilzeit arbeiten möchtest. Eine gute Strategie könnte es sein, dies erst einmal im Nebenerwerb zu tun, um zu sehen, ob es etwas für einen ist.

Dadurch, dass Du sehr stark von einem Unternehmen und seinen Produkten abhängst, solltest Du Dich ethisch mit diesen identifizieren können. Darüber hinaus kann es durchaus sinnvoll sein, MLM mit 2-3 Unternehmen gleichzeitig zu betreiben. Unterm Strich vergrößert sich dadurch Dein Produktkatalog. Dennoch solltest Du Dir bei Vertragsabschluss das Kleingedruckte ganz genau durchlesen, denn manche Unternehmen verbieten es, gleichzeitig für weitere Unternehmen als „Networker" tätig zu sein.

Mache nach Einsicht der Unterlagen unbedingt eine Kalkulation darüber, wie viele Produkte Du verkaufen musst, damit sich diese Tätigkeit für Dich lohnt. Ist dies von Deiner Seite her überhaupt realistisch zu erreichen? Lohnt sich der Zeitaufwand, wenn Du es nur Teilzeit machst, beziehungsweise stimmt Dein Stundenlohn? Gibt es eventuell weitere Bedingungen, die Du erfüllen musst, damit Dir Deine Provision auch ausgezahlt wird? Frage auch, wenn Du kannst, einen langjährigen Mitarbeiter, ob es in der Vergangenheit Provisionsanpassungen gab und falls ja, in welche Richtung diese vorgenommen wurden. Viele neugegründete MLM Unternehmen scheitern. Daher solltest Du eins auswählen, welches zumindest seit 5 Jahren erfolgreich am Markt besteht.

Darüber hinaus solltest Du Dich vor Vertragsschluss mit den Produkten und Deinem Verkaufspreis für diese auseinandersetzen. Es kann nämlich vorkommen, dass alternative oder gleiche Produkte bei eBay oder Amazon günstiger gefunden werden können – was sich in einer Deiner Verkaufsveranstaltung als äußerst peinlich für Dich herausstellen könnte. Deswegen ist es umso wichtiger, sich für ein seriöses Unternehmen zu entscheiden und durch vorheriges Research die schwarzen Schafe der Branche zu meiden.

Hast Du Dich jedoch erfolgreich für ein MLM-Unternehmen entschieden, kannst Du Dich voll und ganz auf den Ausbau Deines Vertriebsnetzes stürzen. Dabei solltest Du unbedingt die Möglichkeit nutzen, neue Vertriebspartner über das Internet zu akquirieren. Viele der „Alteingesessenen" scheinen die Interessensgewinnung über das Internet zu ignorieren oder zumindest nicht als ernst genug einzustufen. Das wiederum bietet Dir ein riesiges Potential über Landing Pages, E-Mail Listen und platzierter Werbung eine Menge an Vertriebspartnern automatisch zu gewinnen, die dann alle für Dich Geld generieren.

Ressourcen

Gründerlexikon (DE)
Hier findest Du eine Liste mit deutschen Unternehmen, die mit MLM arbeiten, samt Branche und Verlinkung. Dies sollte Deine erste Anlaufstelle sein, um Dich über die verschiedenen Programme und Unternehmen zu informieren.
http://bit.ly/2r68BUx

mlm-worldwide (DE)
Hier findest Du eine weitere Liste mit deutschen MLM Unternehmen.
https://goo.gl/AkNyB6

#9 Erstelle lokale und relevante Newsletter

Jeder war schon einmal in einem Newsletter eingeschrieben und jeder hat sich da auch schon einmal wieder ausgetragen. Was wäre, wenn es einen extrem relevanten Newsletter gäbe?

Du bietest einen interessanten Newsletter für die Menschen in Deiner Stadt an. Dort erfahren sie mehr über wichtige Ereignisse, Rabattaktionen und Veranstaltungen.

Deine Fähigkeiten

Du solltest weitestgehend rechtschreibfehlerfrei schreiben können und Spaß daran haben, Dich in Deiner Stadt auf dem Laufenden zu halten und dies in Worte und Bilder zu fassen.

Echten Menschenkontakt siehst Du als etwas Positives und erweiterst gerne Dein soziales Netzwerk. Die Ansprache von fremden Leuten sollte Dir eher leichtfallen und Du bringst gerne Menschen zusammen.

Der Ablauf

Zunächst musst Du Dir natürlich Gedanken machen, unter welchem Namen Du Deinen Newsletter rausbringen willst. Machst Du dazu eventuell noch einen Blog oder eine reguläre Homepage? Welches Logo passt zum Namen? Welche Farben möchtest Du benutzen und welchen Stil soll das Design haben? Am besten Du registrierst eine Domain, um die dazugehörigen E-Mail-Adressen zu bekommen.

Mache Dir dabei bewusst, dass die Bewohner der Stadt Deine Zielgruppe sind. Überlege Dir, ob Du diese Zielgruppe eventuell sogar noch weiter einschränken kannst, etwa auf ein bestimmten Alter (Beispiel: Jugendliche von 16-24). Damit ändert sich natürlich die gesamte „Ansprache". Wenn der Newsletter für jedermann sein soll, könnte es, je nach Größe Deiner Stadt, sein, dass er ziemlich umfangreich wird, beziehungsweise, dass Du viele Informationen im Vorfeld durchlesen und filtern musst. Vielleicht macht aber auch eine Kooperation mit einem Freund oder Interessierten Sinn, mit dem Du dieses Projekt gemeinsam durchziehst.

Gleichzeitig oder im Anschluss eruierst Du, an welchen Stellen Du in Deiner Stadt, oder auch online, Informationen über aktuelle Veranstaltungen, Treffpunkts, Clubnächte, Märkte et cetera bekommst. Kontaktiere die Menschen, die an diesen relevanten Stellen das Sagen haben und erzähle ihnen von Deinem Projekt. Für sie kann es in der Regel nur von Vorteil sein, wenn möglichst viele Leute zu ihren Veranstaltungen kommen. Bitte sie, Dir regelmäßig aktuelle Informationen zu ihren Veranstaltungen per Mail zukommen zu lassen.

Pflege diese Informationen in Deinen wöchentlichen oder monatlichen Newsletter ein und verschicke ihn probeweise an Freunde und Bekannte aus der Stadt. Lass wichtiges Feedback von ihnen einfließen und verbessere Deinen Newsletter stetig.

Nachdem Du nun den Informationsfluss, also den Inhalt, für Deinen Newsletter sichergestellt hast, kannst Du Dich an das Marketing desselben machen.

Du brauchst eine Landing Page, auf der sich die Menschen für den Newsletter eintragen lassen können. Diese sollte selbstverständlich Deine Zielgruppe ansprechen, ist aber unterm Strich nur eine ganz einfache Seite. Es gibt im Internet kostenlose und kostenpflichtige Templates für Landing Pages oder Du beauftragst einen Freelancer für die Erstellung. Der einzige Sinn der Landing Page ist, dass sich die Leute auf ihr für Deinen Newsletter eintragen lassen.

Wenn diese Infrastruktur steht, fängst Du an, Werbung für Deinen Newsletter zu machen. Dies sollte online, wie offline, erfolgen: am schwarzen Brett der Uni, der Bibliothek, der Stadt, in Kiosken, in Bars, in Restaurants, mit Hilfe von Flyern, auf Internetseiten von Veranstaltern und so weiter. Dabei solltest Du versuchen, diese Werbung nach Möglichkeit kostenfrei platzieren zu können.

Für die Monetarisierung bietest Du den entsprechenden Lokalitäten einen Werbeplatz in Deinem Newsletter an. Dort können sie Rabatte, Sonderaktion und Verlinkungen zu ihrer Seite platzieren. Hast Du eine Homepage, gilt dafür das Gleiche. Wer abends ausgehen möchte, informiert sich bei Dir und bekommt gleich tolle Sonderaktionen von den Anbietern. Dafür wirst Du pauschal vergütet, also pro Aktion und je Besucheraufkommen ein Fixum. So kannst Du auch direkt gut planen, denn Du weißt genau, wie viel Platz für Werbeaktionen Du in Deinem regelmäßigen Newsletter (Homepage) hast.

Darüber hinaus kannst Du anbieten, bei besonderen Aktionen eine E-Mail an Deine komplette Liste zu verschicken. Je nach Größe kannst Du dafür richtig viel Geld verlangen, da die Geschäfte und Veranstalter in Deiner Stadt genau Dein Zielpublikum ansprechen wollen. Jeder, der eine größere Veranstaltung in Deiner Stadt machen möchte, wird Interesse daran haben, dass Du Deine Abonnenten informierst.

Deine Strategie

Um möglichst viele Abonnenten zu bekommen, könntest Du mit einem Geschäft zusammenarbeiten: Jeder der sich bei Dir einträgt, bekommt einen 5 € Gutschein für dieses Geschäft. Wahrscheinlich musst Du dafür noch nicht einmal eine weitere Gegenleistung anbieten, weil Du so automatisch für den Geschäftsinhaber Kundenakquise betreibst.

Sollte dennoch einmal jemand von Dir eine Gegenleistung für Deine tolle Arbeit verlangen, kannst Du immer einen einmaligen, kostenlosen Werbeplatz in Deinem Newsletter anbieten. So kommen die Unternehmen darüber hinaus auf den Geschmack.

Je nachdem, welche Ziele Du verfolgst, könntest Du das Ganze auch noch ausweiten, indem Du Veranstaltungen besuchst – oder besuchen lässt - und einen kurzen Erfahrungsbericht darüber schreibst. Dafür würdest Du wahrscheinlich kostenlose Eintrittskarten bekommen. Das Ganze könnte sich zu einer frequentierten Webseite entwickeln, auf der die Besucher ihr Feedback hinterlassen und sich austauschen können. Du bist dabei die Schnittstelle zwischen den Unternehmen und den Kunden. Deine „Assets" sind dabei Deine Besucher und Abonnenten, die die Unternehmen erreichen wollen.

Ressourcen

Phlow (DE)
Auf dieser Seite findest Du Tipps und Tricks rund um Webdesign, Social Media und Journalismus. Diesen Artikel empfehle ich Dir für Deine Newslettererstellung.
https://goo.gl/mY3FcX

unbounce (DE, EN, ES, BR)
Landing Page Creator
https://unbounce.com/de/

Bei den folgenden Anbietern kannst Du ohne Vorkenntnisse schöne E-Mail Newsletter erstellen:

MailChimp (EN)
https://mailchimp.com/

Newsletter2go (DE)
https://www.newsletter2go.de/

rapidmail (DE)
https://www.rapidmail.de/

CleverReach (DE, IT, EN)
https://www.cleverreach.com/de/

GetResponse (DE, weltweit)
https://www.getresponse.de/?lang=de/

#10 Werde Blogger

Als Blogger betreibst Du eine Blogseite im Internet, die ein Spezialthema behandelt.

Du beschäftigst Dich mit einem spannenden Thema und publizierst regelmäßig Beiträge und Neuigkeiten dazu.

Nicht nur bildest Du Dich dadurch über dieses Thema selbst weiter und wirst zum Experten auf diesem Gebiet, sondern Du verdienst dabei auch noch Geld.

Deine Fähigkeiten

Selbstverständlich solltest Du Spaß am Schreiben und veröffentlichen von Beiträgen haben. Darüber hinaus ist es ausgesprochen hilfreich, wenn Du gut und interessant Schreiben kannst.

Weitergehend sollte es Dir Spaß machen, mit anderen Leuten in Kontakt zu treten und Kooperationen mit Ihnen einzugehen.

Zuletzt sollte Dir noch klar sein, dass Du hier zeitlich und dadurch zwangsläufig auch finanziell, in Vorleistung treten musst, bis Dein Blog genug Geld abwirft. Das kann durchaus und je nachdem, wie ernst Du die ganze Sache betreibst, mehrere Jahre in Anspruch nehmen. Der Investitionsaufwand hält sich dabei jedoch in Grenzen.

Der Ablauf

Die Tätigkeit als Blogger eignet sich hervorragend, um nebenbei zu beginnen. Du brauchst natürlich ein Thema, welches Dich fasziniert und für das Du gerne bereit bist, Zeit aufzuwenden. Somit wäre es, per Definition, auch nie verschwendete Zeit, die Du dafür verbringst.

Hast Du ein Thema, dann geht es darum, Deinen Blog aufzubauen. Natürlich kannst Du alles selber machen. Doch ich empfehle Dir, die technischen Feinheiten auf Freelancer Portalen auszulagern. Somit kannst Du Dich hauptsächlich auf das Schreiben und Veröffentlichen konzentrieren.

Abgesehen davon, dass Du nun regelmäßig Blogartikel veröffentlichst, musst Du sicherstellen, dass genügend Leute auf Deinen Blog kommen. Dies kannst Du zum Beispiel mit Backlinks auf anderen Seiten und Kooperationen mit anderen Bloggern erreichen. Natürlich kannst Du auch Werbung schalten, doch meistens ist das Werbebudget gerade in der Anfangsphase gering. Darüber hinaus solltest Du Dich unbedingt mit Suchmaschinenoptimierung (SEO) auseinandersetzen, damit Dein Blog mit bestimmten Schlüsselwörtern bei Google gefunden wird.

Im besten Fall schreibst Du Deine Artikel schon mit Deinen SEO-Erkenntnissen im Hinterkopf, sodass diese „keyword optimiert" sind. Auch sollten Deine Beiträge mindestens ein Foto beinhalten, welches Du kostenlos entweder aus Deiner eigenen Bibliothek oder von Portalen mit lizenzfreien Fotos bekommst. Die Alternative wäre natürlich, Geld dafür auszugeben. Doch ist den meisten Bloggern, gerade wenn sie ihren Blog im Nebenverdienst betreiben, daran gelegen, die Ausgaben möglichst gering zu halten.

Je mehr Besucher Du hast, desto interessanter wird Deine Seite auch für professionelle Marktteilnehmer und Firmen. Im besten Fall kommen diese auf Dich zu und bieten Dir Geld dafür an, dass sie einen Artikel mit einem Backlink zu ihrer Seite auf Deinem Blog veröffentlichen dürfen. Der Preis für einen solchen Artikel fängt im unteren zweistelligen Bereich an und steigt mit der Beliebtheit Deiner Seite bis zu mehreren hundert Euro.

Wenn Du genügend Besucher hast, wird es Zeit, Deinen Blog auch anderweitig zu monetarisieren. Am besten Du setzt Dir selbst diese Grenze in Form von einer Besucherzahl, die Du zum Beispiel mit Google

Analytics beobachten kannst. Wichtig ist, dass Du die Besucher auf Deinem Blog nicht gleich wieder mit extremer Werbung vergraulst.

Für die Monetarisierung Deines Blogs gibt es zahlreiche Möglichkeiten, mit denen Du Dich gut auseinandersetzen solltest. Je nachdem, wer und wie alt Dein Zielpublikum ist, eignet sich vielleicht die eine oder andere Form. Zu den Monetarisierungsmöglichkeiten zählt das Anpreisen von Affiliate-Produkten, die Einbindung von Werbebannern, Textlinks und Backlinks in Deinen Beiträgen, das Öffnen von Pop-Ups und die Erstellung von Gewinnspielen und Ähnlichem, mit denen Du für die Produkte einer Firma wirbst.

Deine Strategie

Da es eine gewisse Zeit braucht, bis man genügend Inhalt (Content) auf seinem Blog hat, dieser gefunden wird und man damit auch den gewünschten Besucherstrom verzeichnen kann, empfehle ich Dir die Tätigkeit als Blogger wirklich erst einmal als Nebentätigkeit auszuführen. Auch die Monetarisierung kann sich als zäh herausstellen und unter Umständen dauert es wirklich Jahre, bis Du ein nennenswertes passives Einkommen damit aufgebaut hast.

Selbstverständlich kannst Du diesen Zeitraum aber auch durch Deinen eigenen Zeiteinsatz und das Investieren von Geld verkürzen. Kannst Du auf das Geld einer alternativen Arbeit verzichten, wäre zu überlegen, ob Du nicht doch Vollzeitblogger werden willst.

Besonders wichtig ist, dass Du Dich stetig weiterbildest und Dich in der Bloggerszene auf dem Laufenden hältst. Lies ruhig ein paar Bücher zu dem Thema Blog und schaue Dir bekannte Blogs an und gucke Dir die Dinge ab, die Dir daran gefallen. Außerdem solltest Du mehreren, blogrelevanten Facebook-Gruppen beitreten, um Dich auf dem Laufenden zu halten.

Da Du letztlich auf Deine Besucher angewiesen bist, solltest Du sie so stark wie möglich an Dich binden. Biete ihnen unbedingt die Möglichkeit, sich für Deinen Newsletter einzutragen, auch wenn Du vielleicht nur ein Mal pro Monat einen solchen verschickst oder auch nur planst, irgendwann mal einen zu verschicken.

Das hat den Vorteil, dass die Besucher nicht gleich „verloren" sind. Außerdem sind die Leute, die sich für den Newsletter eintragen, genau Deine Zielgruppe. Dadurch hast Du die Möglichkeit, ihnen regelmäßig eine E-Mail zuzuschicken und auf Deine neuen Artikel hinzuweisen, Zusatzinfos und -material zu überreichen und beispielsweise Affiliate-Werbung zu platzieren, bei der Du Dich für ein Produkt stark machst.

Außerdem macht Dich Deine eigene E-Mail Liste von Google und weiteren potentiellen Schocks unabhängig. Solltest Du einmal nicht mehr gefunden werden oder Dein Blog komplett crashen, dann kannst Du immer noch E-Mails an Deine Liste verschicken.

Am besten köderst Du Deine Blogbesucher auf einer sogenannten Landing Page mit einem kostenlosen, von Dir erstellten, digitalen Produkt. Dieses bekommen sie zugeschickt, wenn sie sich für Deinen Newsletter eintragen. Das verursacht für Dich keine wirklichen Kosten und Du hast ab sofort ihre E-Mail-Adresse.

Zuletzt möchte ich Dir noch ans Herz legen, möglichst viele Kooperationen mit anderen Bloggern einzugehen. Abgesehen von dem wertvollen Meinungsaustausch, kann man sich gut gegenseitig beflügeln - eine Win-Win-Situation.

Ressourcen

geldsystem-verstehen (DE)
Dieser Link ist in eigener Sache: Der Finanzblog von Chris und Jens.
http://www.geldsystem-verstehen.de/

ithelps (DE)
Top Blogger in Deutschland, Österreich und der Schweiz.
https://goo.gl/EvvTs7

ithelps (DE)
Hier findest Du 9 interessante Facebook-Gruppen für Blogger.
https://goo.gl/4iMmpa

pinkbiz (DE)
Eine interessante Blogseite von einer Bloggerin für Bloggerinnen. Hier findest Du eine Liste mit tollen Tools, die Deinen Blog mit Sicherheit weiterbringen.
http://pinkbiz.de/blog/tools-fuer-blogger/

WP Ninjas (DE)
Ein Blogger zeigt anderen Bloggern, wie sie Wordpress für sich nutzen. Wordpress kann ich für Blogger auch empfehlen. Hier findest Du zudem eine Liste mit kostenlosen Tools für Blogger.
https://goo.gl/o40cwT

conterest.de (DE)
Ein Blog für Blogger mit einer Aufstellung von wichtigen und nützlichen Tools für Dich als Blogger.
https://goo.gl/X6lRT0

cash4webmaster (DE)
Hier findest Du verschiedene Möglichkeiten, Deine Blogseite zu monetarisieren.
https://goo.gl/9FYm6X

Selbstständig im Netz (DE)
So viel kann man mit seinem Blog verdienen.
https://goo.gl/KXwZZH

#11 Werde Vlogger

Das sogenannte „Vlogging" ist ein Wortspiel und beschreibt einen Video-Blogger.

Statt Artikel zu schreiben, veröffentlichst Du regelmäßig Videos und wirst an den Werbeeinnahmen beteiligt.

Darüber hinaus bietet Dir das Vlogging die Möglichkeit, selber offene oder versteckte Werbung in Deinen Videos zu platzieren und eine Gefolgschaft aufzubauen.

Deine Fähigkeiten

Als Vlogger solltest Du eine gewisse Extrovertiertheit und Ausstrahlung besitzen. Du musst in der Lage sein, Dein Publikum zu fesseln. Dafür ist es wichtig, dass Du mit Deiner Person überzeugst.

Die Leute lieben Dich für den, der Du bist. Allerdings wird es zwangsläufig auch Menschen geben, die nicht mit Deiner Art klarkommen. Stelle Dich von daher von vornherein auch auf negative Kommentare ein. Von ihnen solltest Du Dich nicht abbringen oder herunterziehen lassen.

Darüber hinaus kann es nicht schaden, wenn Du gut vernetzt bist. Zum einen, um Deinen Kanal weiter zu verbreiten und zum anderen, um interessante Leute in Deine „Show" zu holen. Es ist deshalb auch von Vorteil, wenn Du Dich gewählt ausdrücken, gute Interviews führen oder sehr witzig sein kannst.

Der Ablauf

Zunächst musst Du Dir natürlich überlegen, worüber Du in Deinem Kanal sprechen möchtest. Damit steckst Du gleichzeitig auch Deine Zielgruppe ab, die Du einmal genau definieren solltest. Hast Du Dich für einen Themenbereich entschieden, dann geht es an die Vorbereitung. Dabei machst Du Dir Gedanken über Hintergrund, Auftreten, Wiedererkennungswert etc. machst. Im Hinterkopf solltest Du dabei immer Deine Zielgruppe und den roten Faden Deiner Thematik haben.

Diese Vorarbeit ist vielleicht lästig, trotzdem solltest Du Dir dafür genügend (!) Zeit nehmen. Natürlich auch keine Monate, denn es ist überhaupt wichtig, erst einmal zu beginnen und seine Videos auszustrahlen. In der Regel wirst Du Deine Videos über YouTube veröffentlichen. Dort ist es genauso wichtig wie bei Google, dass man gefunden wird. Je früher Du anfängst, desto früher und öfter kannst Du gefunden werden.

Wenn alles eingerichtet ist, kannst Du Dich daran machen, Deine Videos aufzunehmen und hochzuladen. Das Ah und Oh ist hierbei ein interessanter Inhalt, der die Zuschauer dazu animiert, weitere Videos von Dir anzuklicken. Achte vor allem auch darauf, dass der Titel und das Titelbild Deiner Videos SEO-optimiert und ansprechend sind.

Mit jedem weiteren Video, welches Du hochlädst, solltest Du Dir auch Gedanken über Dein Marketing machen. Wie bekommst Du noch mehr Besucher für Deine Videos? Versuche Deine Videos auf eigenen oder fremden Blogseiten und E-Mail-Listen unterzubringen. Mit jeder weiteren Verlinkung schaffst Du eine neue Besucherquelle für Deine Videos und auch YouTube wird dies bemerken und positiv bewerten.

Deine Strategie

Als erstes sollte Dir klar sein, dass Du Dich bei Google AdSense anmelden musst, damit Du von den Werbeeinnahmen aus YouTube mitverdienen kannst. Nach der Anmeldung bei AdSense dauert es dann noch ca. 1 Woche, bis Du freigeschaltet bist. Anschließend musst Du die Monetarisierung in YouTube noch aktivieren, damit Du teilhaben kannst. Eine weitere Voraussetzung ist, dass Du mindestens schon 1 Video dort hochgeladen hast.

Bei der Überlegung Deiner grundsätzlichen Themenwahl solltest Du unbedingt auch ein bisschen Research betreiben und Dir anschauen, was es schon so in YouTube gibt und welche Videos bei welchen Schlüsselwörtern gefunden werden. Dabei musst Du das Rad nicht neu erfinden, sondern es reicht vollkommen aus, dass Du ein Thema besser oder Deiner Zielgruppe gerechter aufbereitest.

Fundamental für den Erfolg Deiner Videos ist Deine eigene Persönlichkeit. Versuche Deinen eigenen Charakter überspitzt schriftlich zu beschreiben. Gehe ruhig ins Extreme und überlege Dir genau, wie Du in bestimmten Situationen reagieren würdest. Das hilft Dir dabei, konstant Du selbst zu bleiben. Bist Du eher der seriöse Typ oder machst Du Dich am laufenden Band über jemanden lustig? Willst Du ein trockenes Thema mit Witz herüber bringen oder vielleicht ein lockeres Thema stringent und logisch analysieren? Der Fantasie sind keine Grenzen gesetzt.

Achte bei Deinen Videos unbedingt darauf, dass Du sie untereinander miteinander verlinkst. Zum Beispiel könntest Du etwas sagen, wie: „Zu der Thematik habe ich schon einmal ein Video gedreht." Und blendest dann den Link zu Deinem Video ein.

Überlege Dir für jedes Video genau, was behandeln willst. Willst Du den Menschen helfen und Dein Wissen übermitteln? Dann überlege Dir vor der Videoerstellung, welches Problem Deine Zielgruppe hat und wie genau Deine Lösung dafür aussieht. So wirst Du dann auch bei YouTube gefunden, wenn die Leute ihre Probleme oder die Lösungen dafür suchen.

Eine Alternative wäre, dass Du einfach Videos drehst und „trollst". Das bedeutet, dass Du über Gott und die Welt redest und man schaltet Dich ein, weil Du eine interessante und lustige Persönlichkeit hast. Jede Folge ist dabei anders. Mal machst Du das eine, mal das andere. Hier geht es nicht darum, ein Problem zu lösen, sondern, wie bei einer Serie, die Leute neugierig zu machen, wie es denn weitergeht.

Was ich Dir definitiv empfehle, ist, dass Du Deinen Zuschauern in der Videobeschreibung und in den Videos selbst die Möglichkeit gibst, sich für Deinen Newsletter einzutragen. Du könntest auf eine Landing Page verlinken, auf der sich die Leute dafür eintragen können. Dadurch, dass sie Dir ihre E-Mail-Adressen geben, kannst Du Dein Publikum immer erreichen. Das ist zum einen viel nachhaltiger und zum anderen wirst Du dadurch auch YouTube gegenüber wieder unabhängiger.

Fordere Dein Publikum auch von Zeit zu Zeit in den Videos auf, Dir einen Daumen hoch zu geben. Damit gewährleistest Du, dass Deine Videos besser gefunden werden.

Bei der Monetarisierung bist Du im Übrigen nicht nur auf YouTube angewiesen. Versuche aktiv Sponsoren zu finden, die Dich unterstützen. Entweder sie schicken Dir gratis Produkte, damit Du diese in die Kamera hältst oder zahlen Dir einen Geldbetrag dafür, dass Du sie im Video an Dein Publikum empfiehlst oder ihre Produktlinks an Deine Abonnenten schickst. Selbstverständlich kannst Du auch selber Affiliate-Partner werden und Deine eigenen Affiliate-Links verlinken. Ein bestimmter Prozentsatz Deiner Zuschauer kauft und Du bekommst ein kleines passives Einkommen.

Ressourcen

Google AdSense (DE, weltweit)
Hier musst Du Dich zwingend anmelden, um von den Werbeeinnahmen von YouTube zu partizipieren.
https://www.google.com/adsense/

YouTube (DE, weltweit)
Die bekannteste Video-Plattform im Netz.
https://www.youtube.com/

t3n (DE)
Hier findest Du Tipps für Deinen YouTube-Kanal.
https://goo.gl/G6Fb30

rohinie (DE)
Ideen, wie Du Deine Videos bewirbst.
http://www.rohinie.eu/12-youtube-strategien/

tubularinsights (EN)
Informationen und Erkenntnisse für das YouTube Marketing.
https://goo.gl/jBFuAS

Meedia (DE)
Die 50 erfolgreichsten deutschen YouTuber im Jahr 2015. Schau Dir ihre Videos an, von ihnen kannst Du sicherlich noch das ein oder andere lernen!
https://goo.gl/7pDsgG

#12 Werde Autor

Schreibe Deine eigenen Bücher und veröffentliche diese über Amazon und Co.

Als Autor bist Du kreativ, hilfst Deinen Mitmenschen oder bereitest Ihnen durch guten Inhalt Freude.

Deine Arbeitszeiten und Dein Arbeitsort sind dabei flexibel.

Deine Fähigkeiten

Als Autor solltest Du natürlich gut in der deutschen Rechtschreibung sein, denn nichts ist für die Leser nerviger, als sich beim Lesen über die ständigen Rechtschreibfehler Gedanken machen zu müssen.

Weitergehend ist eine blühende Fantasie von Vorteil und darüber hinaus sollte es Dir Spaß machen, Texte zu schreiben. Selbstmotivation ist als Autor ein und alles. Schließlich brauchst Du ein gutes Durchhaltevermögen, denn es dauert zum einen eine gewisse Zeit, bis Du ein Buch fertig hast und zum anderen eine weitere Zeit, bis Du ordentlich mit Deinen Büchern verdienst.

Finanziell solltest Du also entweder gut ausgestattet sein, oder Dein Autorendasein erst einmal als Nebentätigkeit ausführen.

Der Ablauf

Das Wichtigste, damit Du als Autor Geld verdienst, ist, dass Du für Deine Zielgruppe schreibst. Wahrscheinlich würdest Du lieber etwas anderes Schreiben, doch Du musst den Kompromiss finden zwischen: „Wo besteht eine hohe Nachfrage?“ und „Ich will über Thema X schreiben“.

Besonders leicht ist es, Rezeptbücher oder Ratgeber zu schreiben. Dabei musst Du Dir überlegen, welches Problem der Leser hat und wie Du es lösen kannst. Am besten ist es natürlich, wenn Du selber schon Erfahrung in dem Bereich gemacht hast. Dies ist allerdings keine zwingende Voraussetzung dafür. Du kannst Dir nämlich auch die ganzen Infos, die Du brauchst, im Internet und in Büchern zusammensuchen. Zutatenlisten für Rezepte sind darüber hinaus grundsätzlich ohne Copyright, so dass Du für ein Rezeptbuch dann lediglich die verschiedenen Schritte beschreiben müsstest.

Wir haben mit unseren Büchern gute Erfahrung mit Amazon Kindle Direct Publishing (KDP) gemacht. Dort reicht es aus, dass man etwa ein Word-Dokument hochlädt, welches dann automatisch in ein eBook umgewandelt wird.

Wenn Du also mit dem Schreiben fertig bist, musst Du noch Dein Buch Korrekturlesen lassen – entweder von Bekannten, von Dir selbst oder Du stellst einen Freelancer dafür ein. Dann brauchst Du noch ein Cover, welches Du ebenfalls von einem Freelancer erstellen lassen kannst. Die Alternative wäre wieder, es selbst zu tun oder jemanden zu kennen, der es für einen tut. Dann lädst Du Cover und Buch hoch und wenn alles stimmt, ist Dein eBook innerhalb eines Tages erwerbbar.

Mit der Zeit lädst Du weitere Bücher hoch, die Du übrigens auch als Printversion anbieten kannst, und freust Dich hoffentlich über immer höhere Tantieme, die Dir von Amazon KDP ausgeschüttet werden.

Deine Strategie

Als Erstes müsstest Du Dir überlegen, wie Deine Qualität-Preis-Balance aussehen soll. Willst Du eher wenige teure, dafür qualitativ hochwertige Bücher schreiben oder willst Du viele billige und qualitativ minderwertigere Bücher schreiben?

Meistens kosten die Ratgeber bei Amazon zwischen 99 Cent und 9,99€. Schaue Dir ruhig mal ein paar Ratgeber dort an und werfe „einen Blick ins Buch". Meistens kann man schon am Preis sehen, wie viel Aufwand der Autor sich damit gemacht hat. Manche Autoren lassen sogar Ghostwriter für sich schreiben und haben fast gar keine Kontrolle über den Inhalt.

Egal für welche Strategie Du Dich am Ende entscheidest. Es ist wichtig, dass Deine Bücher über Amazon gefunden werden. Genau wie bei Google oder YouTube geht es hier darum, diese für die Amazon-Suchmaschine zu optimieren.

Werfe vor dem Schreiben unbedingt einen Blick in Deine avisierte Kategorie und mache Dir einen Eindruck von der Konkurrenz. Grundsätzlich solltest Du nur für diejenige Zielgruppe / Kategorie schreiben, wo auch ein gewisses Grundrauschen vorhanden ist.

Wichtig ist, dass Du Dich auch mit anderen Autoren austauscht und Dich über das Autorensein und das Leben als Self-Publisher informierst. Dafür kannst Du zum Beispiel in bestimmte Facebook-Gruppen gehen, Autorenblogs besuchen oder auch eBooks darüber lesen.

Ressourcen

Passives Einkommen mit Kindle eBooks* (DE)
Das 1x1 für das Publizieren von eBooks auf Amazon KDP. Dort verraten wir Dir unsere besten Tricks, Tools und Erfolgsrezepte, um Deine Bücher und ihren Verkauf zu perfektionieren und vom Autorendasein gut leben zu können.
http://amzn.to/2pDJyHf

Papyrus (DE, EN)
Tolles Rechtschreibprogramm, welches sogar Zeichensetzung korrigiert! Wenn man einmal damit angefangen hat, möchte man es nicht mehr missen. Zwar kostet dieses Programm einmalig Geld, doch das ist die Investition, wenn man professionelle Texte schreiben möchte, allemal wert. Eine 4-wöchige Demoversion gibt es ebenfalls.
https://www.papyrus.de/

openthesaurus (DE)
Beim Schreiben von Texten wirst Du zwangsläufig Synonyme und Assoziationen von bestimmten Wörtern suchen. Genau dafür ist openthesaurus perfekt.
https://www.openthesaurus.de/

Amazon KDP (DE, weltweit)
Hier musst Du Dich anmelden, wenn Du Deine Bücher über Amazon KDP verkaufen möchtest.
https://kdp.amazon.com/

iBooks (DE, weltweit)
Zwar besitzt Amazon KDP den größten Marktanteil, doch kann es sicherlich nicht schaden, wenn Du Deine Bücher ebenfalls auf Apple-Geräten anbietest. Allerdings brauchst Du für das hochladen der Bücher einen Mac oder Du beauftragst einen Freelancer dies für Dich zu tun.
http://apple.co/2pD6tmk

schreibsuchti (DE)
Ein interessanter Autorenblog.
https://goo.gl/m8NOsI

#13 Werde Dozent

Du bist bereits Experte auf dem einen oder anderen Gebiet?

Werde Dozent und vermittle Dein Wissen mit einem Video samt Präsentation und Lerninhalten!

Damit hilfst Du anderen Menschen und beschäftigst Dich intensiver mit den Themen, die Dich eh ansprechen.

Deine Fähigkeiten

Als Dozent musst Du in der Lage sein, Dein Wissen und verschiedene Konzepte kompakt und verständlich zu kommunizieren. Dabei kannst Du Dich zur Veranschaulichung Deiner Ideen ruhig einer Präsentation bedienen. Diese sollte dann aber auch gut strukturiert und übersichtlich sein.

Wie auch das Bloggen, Vloggen und Autorendasein gehört das Dozentendasein zu den passiven Einkommensquellen. Für dieses musst Du finanziell zunächst in Vorleistung treten, weil Du erst nach und nach, wenn jemand den Kurs kauft, bezahlt wirst.

Für eine Dozententätigkeit im Internet benötigst Du schließlich noch Kamera, Mikrofon und am besten auch ein Videoprogramm zum Schneiden der Videos. Dabei müssen Deine Videos natürlich keine Studioqualität haben, aber man sollte Dich schon gut sehen und verstehen können.

Der Ablauf

Die Vorbereitung des Kurses ist das Ah und Oh und entscheidet über den Erfolg desselben. Sie beansprucht viel mehr Zeit, als die Aufnahme des Kurses selbst. Gleichzeitig bedeutet eine gute Vorbereitung aber auch, dass Dir das Reden viel leichter fällt, weil Du immer genau weißt, worum es geht und wie es im Gesamtkontext einzuordnen ist.

Nachdem Du, am besten basierend auf der potentiellen Nachfrage des Themas, ein solches eruiert hast, fängst Du an, ein Inhaltsverzeichnis für Deinen Kurs zu erstellen. Behalte dabei unbedingt im Kopf, warum sich jemand Deinen Kurs anschaut, also welches „Problem" er hat und welche Lösung er braucht. Was weiß oder kann jemand, nachdem er sich Deinen Kurs angeschaut hat?

Wenn Du das grobe Inhaltsverzeichnis hast, geht es daran, die Unterpunkte zu füllen. Schreibe in ein paar kurzen Stichwörter auf, was Du inhaltlich bei jedem Punkt erzählen möchtest. Gibt es eventuell Zusatzmaterial, welches Du bei bestimmten Punkten anbieten möchtest? Was mir in dem Zusammenhang sehr geholfen hat, war, alles in einer Mindmap niederzuschreiben.

Hast Du diese Struktur einmal erstellt, kannst Du Dich daranmachen, die begleitende Präsentation für Deinen Kurs zu erstellen. Greife für die Bilder am besten auf lizenzfrei Stockfotos oder Deine eigenen zurück.

Nach dieser ganzen Vorbereitung ist der Kurs selbst nun ein Klacks für Dich. Du richtest alles so her, dass Hintergrund, Outfit und Licht passen und machst ein paar kurze Mikrofon- und Videotests. Wenn alles eingerichtet ist, kannst Du mit der eigentlichen Kursaufnahme loslegen.

Um Dir im Nachhinein die Videoschneidearbeit zu erleichtern, solltest Du relativ viele kurze Abschnitte aufnehmen. Versemmelst Du einen Teil, nimmst Du ihn einfach direkt noch einmal auf und kannst den Schlechten löschen. Vor jedem Teil schaust Du Dir selbstverständlich noch einmal die kommenden Folien an und überlegst Dir, was Du eventuell noch zusätzlich sagen möchtest.

Bist Du schließlich mit dem kompletten Kurs durch, kannst Du diesen auf die Plattform Deiner Wahl hochladen.

Deine Strategie

Damit Du mit Deinen Kursen einen durchschlagenden Erfolg hast, musst Du zum einen dafür sorgen, dass diese inhaltlich top sind und zum anderen, dass der Kurs selbst die Runde macht.

Für Ersteres brauchst Du natürlich gewisse Fachkenntnisse, doch kannst Du auch viel oder eben das, was fehlt, selber im Internet recherchieren. Wenn Du recherchierst, benutze unbedingt offizielle und/oder seriöse Quellen. Eine andere gute Möglichkeit ist es, sich ein paar eBooks zu dem Thema zu kaufen, da diese meistens schon eine Zusammenfassung von verschiedenen Sachverhalten aufweisen. Natürlich solltest Du auch dort auf eine gewisse Qualität achten und dann die Quintessenz aus mehreren Quellen selber zusammenfassen.

Für Deine begleitende Präsentation ist es wichtig, dass diese professionell und anschaulich wirkt. Erstelle dafür anschauliche Flussdiagramme und benutze passende Bilder. Das Layout und die Farben Deiner Präsentation sollten darüber hinaus das Thema untermauern, also den passenden Eindruck übermitteln (fröhlich, seriös, konservativ, originell und so weiter).

Deine Stimme sollte ebenfalls dem Thema adäquat angepasst sein, aber dennoch natürlich wirken (und sein). Rede so, wie Du bist, und lies nach Möglichkeit nicht ab, weil das der Zuschauer in der Regel merkt. Schaue ab und zu mal auf die Stichwörter – das ist vollkommen okay – aber fokussiere Dich die meiste Zeit während der Aufnahme auf die Kamera selbst. Wenn Du etwas erklärst, dann achte auf kurze Sprechpausen und benutze eventuell noch Deine Hände für unterstützende Gesten.

Für Zweiteres, dem Marketing Deines Kurses, brauchst Du eine ausgefeilte Strategie. Sammle in einem Brainstorming alle potentiellen Kanäle und Personen, mit deren Hilfe Du Deinen Kurs verbreiten könntest. Manche Plattformen bieten auch Affiliate-Links an. Das bedeutet, dass jemand, der Deinen Kurs bewirbt, einen bestimmten Prozentsatz vom Gewinn bekommt, sollte dieser verkauft werden. Das bietet natürlich einen ganz anderen Anreiz, als den Kurs nur aus Gefallen zu teilen.

Sieh zu, dass Du auf möglichst vielen Blogs erscheinst und nutze auch die Möglichkeit des kostenlosen Marketings in sozialen Netzen, wie Facebook, Instagramm, Snapchat, Twitter, Xing, LinkedIn, Pinterest und weitere. Du könntest Dir auch überlegen, den Kurs in der ersten Woche günstiger anzubieten und somit darauf bauen, dass dieses tolle Angebot möglichst oft geteilt wird.

Zusätzlich zur kostenlosen Werbung könntest Du auch kostenpflichtige Werbung – etwa auf Facebook – schalten. Zwar erzielst Du so eine größere Reichweite, doch solltest Du Dich vorher definitiv mit Facebook Marketing auseinandergesetzt haben, sonst könnte der Schuss finanziell nach hinten losgehen.

Besonders wichtig ist darüber hinaus, dass Dein Kurs positive Rezensionen von den Zuschauern bekommt, damit er hochgestuft und somit auch von anderen potentiellen Kunden auf der jeweiligen Plattform gefunden wird.

Unterm Strich brauchst Du also eine eigene, an Dein soziales Netzwerk und Dein Thema angepasste Marketing-Strategie. Arbeite diese gut aus und tausche Dich dafür auch mit anderen Dozenten in sozialen Netzwerken aus.

Ressourcen

udemy (DE, weltweit)
Große Plattform für Kursvideos. Udemy selbst macht auch gelegentlich Werbung für Deine Kurse. Man hat hier als Zuschauer auch die Möglichkeit dem Dozenten eine Frage zu stellen.
https://www.udemy.com/courses/

digistore24 (DE)
Hier kann man seine Videos als Produkt hochladen und anderen Menschen die Möglichkeit geben, diese auf Provision weiterzuverkaufen.
https://www.digistore24.com/

lecturio (DE)
https://www.lecturio.de/

elopage (DE)
https://elopage.com/online-kurse-verkaufen

meinekurse24 (DE)
https://www.meinekurse24.de/kurse-geben

5. Geld offline verdienen

„Persönlichkeiten werden nicht durch schöne Reden geformt, sondern durch Arbeit und eigene Leistung."
-Albert Einstein

Meistens gibt es in unserem echten Leben eine riesige Menge an Möglichkeiten, Geld zu verdienen. Oftmals sehen wir allerdings den Wald vor lauter Bäumen nicht. Im Folgenden präsentiere ich Dir einige gute Möglichkeiten, schnell etwas dazu zu verdienen.

Während viele Apps und Internetseiten uns bei der Vermittlung von Kunden helfen können, haben wir alle einen riesigen potentiellen Kundenstamm direkt und wortwörtlich vor unserer Haustür: unsere Nachbarn, Freunde und Bekannte.

Diese uns wohlgesonnene Zielgruppe hört uns zu, unterstützt uns und aktiviert gegebenenfalls auch ihre Kontakte für uns. Alles was Du tun musst, ist mit Ihnen zu sprechen. Worauf wartest Du?

Deine Fähigkeiten

Da Du nur diejenigen Arbeiten anbietest, die Dir auch liegen, hast Du bereits alle Fähigkeiten, die Du brauchst. Selbstverständlich kannst und solltest Du Dich natürlich immer auch weiterbilden. Eigne Dir gerne neue Fähigkeiten an, die Dich vielleicht schon immer interessiert haben, und erlange direkt Praxiserfahrung, während Du diese in die Tat umsetzt.

Der Ablauf

Bei diesen Arbeiten musst Du Dich in der Regel selbst um die Akquise neuer Kunden kümmern. Dafür ist es erforderlich, dass Du Dir zum einen Gedanken darübermachst, welche Fähigkeiten und Arbeiten Du anbieten möchtest und zum anderen darüber, wer genau Deine potentiellen Kunden sind.

Hast Du beide Punkte eruiert, kannst Du direkt zur Tat schreiten. Gehe von Tür zu Tür, rufe die relevanten Personen an und schreibe E-Mails. Du selbst weißt am besten, auf welchem Wege Du welche Person erreichen kannst.

Wichtig ist, dass Du selbst gut auf Deinem Handy erreichbar bist. So können Dich Deine Kunden schnell erreichen und Du kannst kurzfristig einen Termin mit ihnen abstimmen.

Deine Strategie

Bevor Du mit Deinen Nachbarn, Freunden und Bekannten sprichst, solltest Du Dir ganz genau darüber im Klaren sein, welche Tätigkeiten Du ihnen anbietest. Erstelle Dir einen ganzen Katalog an Dienstleistungen. Die folgenden Punkte dienen Deiner Inspiration, sind aber mit Sicherheit noch nicht vollständig.

Der zweite Schritt besteht anschließend darin, sich um die Preisbildung Gedanken zu machen. Wie teuer ist diese Dienstleistung normalerweise und wie viel kannst oder willst Du dafür von Deinen Kunden verlangen?

Wenn Du nun mit Deinen potentiellen Kunden sprichst, frage sie ruhig auch, womit Du ihnen helfen könntest. Vielleicht haben sie direkt die eine oder andere Arbeit für Dich. Merke Dir darüber hinaus, was sie Dir erzählen und schreibe es nach dem Gespräch direkt auf. So bekommst Du einen guten Überblick über ihre Wünsche und Bedürfnisse und kannst zu einem späteren Zeitpunkt darauf zurückkommen.

Während Du mit ihnen sprichst, solltest Du klar kommunizieren, dass Du Dir jetzt Geld dazu verdienen möchtest. Sprich offen an, ob sie vielleicht Freunde oder Bekannte haben, die an einer Deiner Arbeiten interessiert sein könnten. Hinterlasse auf jeden Fall Deine Kontaktdaten, falls sie diese noch nicht haben.

Wenn Du eine Arbeit erledigt hast, erkundige Dich, ob Deine Kunden mit Dir zufrieden sind. Ist dies der Fall, dann weise sie darauf hin, dass Du Dich sehr freuen würdest, wenn sie Dich weiterempfehlen würden.

#14 Einkaufen

Vielleicht wohnen ältere Menschen in Deiner Umgebung, die sich beim wöchentlichen Einkauf schwertun? Oder Deine Nachbarn freuen sich über die Zeitersparnis, da sie viel arbeiten? Dann kannst Du ganz nebenbei, zusammen mit Deinen eigenen, ihre Einkäufe für sie gleich mit erledigen. Natürlich musst Du auch etwas mehr schleppen, doch der zusätzliche Aufwand lohnt sich bestimmt.

Ergänzend kannst Du ihnen auch anbieten, einige Dinge über das Internet zu kaufen mit der Vereinbarung, dass Du das „Cashback" (Punkt #5) behalten darfst.

#15 Aufräumen, Saubermachen und Wäsche waschen

Genau wie beim Einkaufen hilfst Du „Bedürftigen" in ihrem Haushalt. Du kannst anbieten, einmal die Woche ihre Wohnung oder Haus zu saugen, Schmutz wegzuwischen und die dreckige Wäsche zu waschen und zu bügeln. Je nach Stundenlohn kannst Du damit ganz schnell auf ein stattliches Sümmchen kommen.

Vermittlung unter:

yoopies (weltweit)
https://yoopies.de/

betreut.de (weltweit)
https://www.betreut.de/

#16 Babysitting

Beim Babysitting passt Du auf den Nachwuchs Deiner Freunde und Bekannten auf. Diese wiederum haben endlich die Möglichkeit, sich wieder mehr um ihre Beziehung zu kümmern. Während Du als vertrauensvolle Person ihren größten Schatz hütest, können sie nun endlich mal wieder ins Kino, in die Sauna oder auf ein Konzert gehen.

Am wichtigsten hierbei ist, dass Du Dich gut mit dem Kind beziehungsweise den Kindern verstehst. Eine nette Geste Deinerseits wäre es, zumindest wenn es sich um eine fremde Familie handelt, erst einmal zwanglos vorbeizuschauen und Dich vorzustellen. Das muss gar nicht lange sein und Du schaffst dabei eine erste Vertrautheit für die Kinder. Wenn Du dann zum Aufpassen kommst, kennen sie Dich bereits.

Weitergehend solltest Du vorher mit den Eltern absprechen, um wie viel Uhr die Kleinen ins Bett müssen, was erlaubt und was verboten ist, wo sich der Medikamentenkasten befindet und wie du sie oder eine vertraute Person im Notfall erreichen kannst. Wenn die Kleinen erst einmal im Bett sind, kannst Du Dich dann sogar um Deine eigenen Sachen kümmern, sprich an Deinem passiven oder online Einkommen weiterarbeiten, interessante Bücher lesen oder einfach nur faulenzen.

Bei dieser Arbeit ist es sehr wichtig, dass Du eine private Haftpflichtversicherung abgeschlossen hast, die für Schäden, die durch Dich als neue Aufsichtsperson an den Kindern oder an dem Hab und Gut der betreuten Familie entstehen, haftet. Vor der Tätigkeit solltest Du gut prüfen, dass die Versicherung im Schadensfall auch haftet. Solltest Du noch minderjährig sein, dann kann es sehr gut sein, dass Du bereits über die Familienhaftpflichtversicherung der betreuten Familie versichert bist. Das solltest Du aber in jedem Fall vorher klären.

Darüber hinaus steht Dir als Babysitter die gesetzliche Unfallversicherung zu. Diese ist für Dich kostenlos und wird von den einstellenden Eltern, Deinen „Arbeitgebern", bezahlt (Kosten ca. 50 Euro pro Jahr).

Wenn Du unter 400 Euro verdienst, reicht es, wenn die Eltern Dich bei der Minijob-Zentrale im „Haushaltsscheckverfahren" anmelden. Solltest Du mehr verdienen, dann müssen sie sich an den Träger der gesetzlichen Unfallversicherung wenden. Spreche das Thema Versicherungsschutz unbedingt mit den Eltern ab!

Hier ist noch eine Checkliste mit wichtigen Punkten, die Du mit den Eltern klären solltest:

- Wie läuft das Abendritual für gewöhnlich ab?
- Gibt es Lieblingsbeschäftigungen der Kleinen?
- Was dürfen die Kleinen essen?
- Müssen irgendwelche Allergien, Unverträglichkeiten, Krank heiten etc. beachtet werden?
- Gibt es eine Hausapotheke und wenn ja, wo befindet sie sich und was darf gegeben werden?
- Welches sind die Notrufnummern: Giftnotruf, Notarzt, Rettungsdienst und Feuerwehr?
- Die genaue Adresse der Wohnung.
- Wo befinden sich die Versichertenkarten der Kinder?
- Handynummern der Eltern und evtl. auch von Bekannten.
- Es sollte etwas Bargeld für unvorhergesehene Situationen vor handen sein.
- Wie funktionieren Fernseher, DVD-Player und andere elektro nische Geräte?
- Wie soll mit Anrufen umgegangen werden?
- Wie wird der Lohn bezahlt?

Eltern können sich bei einer Überweisung die Kosten der Kinderbetreuung über die Einkommenssteuererklärung zurückholen. Bei Barzahlung ist dies allerdings nicht möglich. Als Nachweis für das Finanzamt gilt aber auch ein Babysitter-Vertrag.

- Soll ein Babysitter-Vertrag abgeschlossen werden?

Einen Babysitter-Vertrag in Blanko, erarbeitet von dem Stadtelternrat - Ohne Grenzen e.V. Leipzig, kannst Du hier herunterladen: http://bit.ly/2uC9pVr

Falls sich in Deinem Bekanntenkreis keine Möglichkeit zum Babysitten bietet, findest Du hier gute Vermittlungsplattformen:

yoopies (DE, FR, ES, IT, EN)
https://yoopies.de/

hallobabysitter (DE, EN)
https://www.hallobabysitter.de/

babysitter.de (DE, CH, AT)
https://www.babysitter.de/

betreut.de (weltweit)
https://www.betreut.de/

ErsteKinderbetreuung (DE)
https://www.erstekinderbetreuung.de/babysitter

#17 Nachhilfe geben

Biete an den schwarzen Brettern von den Schulen in Deiner Umgebung und natürlich auch Deinen Nachbarn an, Nachhilfe in den Fächern zu geben, in denen Du selbst gut warst oder bist. Handelt es sich um eine Grundschule, dann brauchst Du wahrscheinlich kaum Kenntnisse. Alternativ kannst Du auch einfach anbieten, die Hausaufgaben mit den Kindern gemeinsam zu erledigen.

Für die Vermittlung kannst Du auf folgende online Plattformen zurückgreifen:

yoopies (DE, FR, ES, IT, EN)
https://yoopies.de/

ErsteNachhilfe (DE)
https://www.erstenachhilfe.de

betreut.de (weltweit)
https://www.betreut.de/nachhilfe

nachhilfe.org (DE)
http://www.nachhilfe.org/

Nachhilfe kannst Du übrigens auch online, etwa als **eTutor**, anbieten: http://bit.ly/2toYVUZ

#18 Abschlussarbeiten und Lebensläufe korrigieren

Wenn Du in einer Studentenstadt wohnst, kannst Du Aushänge an der Uni machen, dass Du die Abschlussarbeiten der Studenten Korrektur liest. Arbeitnehmern bietest Du an, ihre Lebensläufe zu korrigieren und zu verbessern. Dafür machst Du den Aushang dann sinnvollerweise im Jobcenter.

Für die Korrektur selbst greifst Du zum einen auf ein korrigierendes Textbearbeitungsprogramm zurück und zum anderen orientierst Du Dich an professionellen Lebensläufen im Internet. Mit ein bisschen Übung weißt Du dann sogar sehr genau, worauf es den Arbeitgebern in den einzelnen Branchen ankommt und kannst die Lebensläufe dementsprechend optimieren. Gleichzeitig lernst Du für Dich selbst gleich mit.

#19 Verkaufe Deine Geschichte

Wenn Du eine besondere Geschichte hast, kannst Du diese „Story" an eine Zeitung weiterverkaufen. Dafür muss Dir in der Regel aber etwas Außergewöhnliches widerfahren sein, damit Du Geld dafür bekommst. Aber wer weiß, vielleicht zählst Du ja zu diesen Menschen. Dann solltest Du auf jeden Fall zu einer Zeitung gehen und Deine persönliche Geschichte (mit all ihren Höhen und Tiefen) anbieten.

#20 Hunde spazieren führen

Viele Menschen haben einen Hund, allerdings nicht die Zeit oder Lust ihn tagtäglich „Gassi" zu führen. Hier kommst Du ins Spiel und holst täglich zu einer bestimmten Uhrzeit den Hund oder die Hunde ab und gehst 1-2 Stunden mit ihnen spazieren. Je mehr Kunden, also Hunde, Du hast, desto mehr kannst Du auch pro Stunde verdienen. Bei 4 Hunden á 10 € pro Stunde macht das ganze 40 € Stundenlohn!

Kannst Du die Hundebesitzer davon überzeugen, dass zwei Stunden für den Hund besser wären, bzw. kannst Du zwei Mal pro Tag eine Stunde machen, dann hast Du Dir in dem Beispiel schon 80 € an einem Tag für 2 Stunden Arbeit verdient. Wohnst Du in einer größeren Stadt, kannst Du wahrscheinlich sogar jeden (Wochen-)Tag Hunde ausführen und somit einen sehr netten Nebenverdienst einfahren.

#21 Frühstück, Essen und Smoothies vorbereiten

Manche Eltern haben einfach nicht genug Zeit für Ihre Kinder und schicken diese morgens mit einem kläglichen Frühstück in die Schule. Kreiere Dein eigenes Frühstücksmenü, welches Du den Eltern für Ihre Kinder anbietest. Natürlich kannst Du dafür auch einen Aushang, machen auf dem Du Deine Köstlichkeiten anbietest. Versuche dabei, Dich abzuheben, und biete besondere Dinge an, wofür die Eltern normalerweise morgens keine Zeit haben.

Neben einer Fülle von Rezeptideen schlage ich Dir hier folgendes Rezept vor: Du vermengst Thunfisch, Mayonnaise, evtl. noch eine Avocado, Zwiebeln, Tomate und Gurke mit etwas Salz und Pfeffer in einer Schüssel und packst diese nutritive Masse auf ein Brötchen oder einen Toast. Gesund und lecker! Saisonal kannst Du natürlich auch noch frischen Saft anbieten und so das Frühstück der Kleinen abrunden.

Alternativ bietest Du das Frühstück, nutritive Smoothies oder sogar ganze Mittagessen in den Büros in Deiner Umgebung an. Nicht selten haben die Mitarbeiter dort kein eigenes Mittagessen dabei, so dass sie zum Essen ausgehen oder welches bestellen müssen. Sprich mit den Leuten und biete an, ihnen zu einer bestimmten Uhrzeit Dein selbstgemachtes Essen vorbeizubringen. Hier zählt neben dem Geschmack auch die Präsentation Deines Essens.

#22 Geschenkkörbe

Biete Deinen Nachbarn oder auch in den angesprochenen Büros an, dass Du Präsentkörbe und Geschenke für sie vorbereiten kannst. Sie müssen sich dann um nichts mehr kümmern. Zusätzlich könntest Du anbieten, diese auch zu überreichen, einen Kuchen zu backen und/oder mit einem Ständchen zu überraschen. Sinnvoll ist bei dieser Idee natürlich, dass Du vorher ein paar Fotos von Deiner Arbeit zeigen kannst und auch genau weißt, was Du für welchen Geschenkkorb verlangst.

#23 Werde Notschlüsselhalter

Nicht alle Menschen wohnen in der Nähe von ihrer Familie oder möchten ihren Nachbarn einen Zweitschlüssel ihrer Wohnung oder des Hauses geben. Da es aber immer sein kann, dass wir uns mal selbst ausschließen oder unsere Schlüssel verlieren, bietest Du an, „Notschlüsselhalter" zu werden.

Du kannst dafür vielleicht ein oder zwei Euro pro Monat verlangen und fünf oder zehn Euro extra, falls Du im Notfall mit dem Schlüssel vorbeikommen musst. Das hört sich im ersten Moment nicht nach viel Geld an, doch aufs Jahr gerechnet können mit steigender Schlüsselzahl schnell ein paar hundert Euro zusammenkommen – und das ohne laufenden Arbeitsaufwand!

#24 Handwerkliche Tätigkeiten

Wenn Du ein handwerkliches Talent hast, kannst Du auch kleinere Sanierungsarbeiten oder Renovierungen anbieten. Je größer Dein Geschick, desto mehr Geld kannst Du dafür wohl auch verlangen. Dabei musst Du nicht zwingend ein außerordentliches Talent haben. Für viele Arbeiten reicht es, wenn Du nicht allzu tollpatschig bist. Du könntest zum Beispiel anbieten, die Zaunlatten Deiner Nachbarn zu streichen. Dafür kannst Du je nach Größe des Zauns zum Beispiel 10 € pro Latte oder Abschnitt verlangen.

#25 Garagenverkauf

Rede mit Deinen Nachbarn und Bekannten und sage ihnen, dass Du einen Garagenverkauf machen möchtest, um Dir etwas Geld dazu zu verdienen. Haben sie vielleicht die eine oder andere Sache, die sie Dir für Deinen Verkauf spenden können? Vielleicht etwas von diesen vielen Dingen, die man eigentlich gar nicht braucht..

Am besten erzählst Du so vielen Leuten wie möglich von Deinem „Garagenverkauf", der natürlich auch in Deiner Wohnung stattfinden kann. Dafür machst Du eine Woche vorher Aushänge in Deiner Umgebung und kündigst den Verkauf mit Datum und Uhrzeit an. Vielleicht kannst Du sogar einen Aushang in einem Kiosk oder Café machen und kommst gleich mit den Leuten ins Gespräch.

Am Ende des Tages hast Du hoffentlich so viel wie möglich verkauft. Wahrscheinlich bleibt aber doch noch die eine oder andere Sache übrig. Diese Sachen empfehle ich Dir einfach in eBay hochzuladen und dort zu verkaufen. Natürlich nur solange sich der Aufwand für den erzielbaren

Preis lohnt. In der Regel lohnt es sich ebenfalls, besondere Sammlerstücke oder teure Gegenstände dort zu verkaufen.

Am besten Du eruierst vor Deinem Garagenverkauf, welche Preise man für die verschiedenen Produkte erzielen kann, die Du anbieten möchtest. So hast Du direkt eine ungefähre Preisvorstellung, musst aber erst einmal nicht alles mühselig hochladen.

#26 Werde Fotograf und Bildbearbeiter!

Biete Deinen Bekannten an, professionelle Fotos von Ihnen zu machen, diese anschließend am Computer zu bearbeiten und bei Bedarf direkt einzurahmen. Abgesehen davon, dass es für sie selbst eine schöne Erinnerung ist, können sie diese auch selber an ihre Familienmitglieder weiterverschenken. Ihr Aufwand beläuft sich dabei auf das Posieren für eines oder mehrere schöne Fotos.

Alternativ kannst Du auch anbieten, ihre Fülle an gemachten Fotos zu Sortieren – digital oder analog spielt dabei keine Rolle. Du könntest dann sogar noch jeweils ein Fotoalbum von ihren Urlauben entwerfen! Das wird ihnen sehr entgegenkommen, denn oftmals fehlt gerade nach dem Urlaub die eigentlich notwendige Zeit, seinen gemachten Fotos gerecht zu werden.

Für den Anfang ist es am besten, wenn Du hier einen festen Stundenlohn vereinbarst. Wenn Du allerdings ein wenig Übung hast, dann solltest Du erfolgsabhängig arbeiten und einen Preis pro Album oder pro 100 Fotos parat haben. Wenn Du schnell arbeitest, hast Du dann einen umso höheren Stundenlohn.

#27 Elektro- und Küchengeräte recyceln

Wenn Du Dich ein wenig mit Elektronik auskennst oder jemanden kennst, der das tut, dann biete doch den Menschen in Deiner Umgebung an, ihre kaputten Geräte entgegenzunehmen und zu entsorgen. Es dauert hier wahrscheinlich etwas, bis Du Geld damit machen kannst, doch werden sich die Leute an Dich erinnern, wenn ihre Kaffeemaschine mal den Geist aufgibt und sie sie dir praktischerweise einfach in die Hand drücken können.

Bevor Du das Gerät entsorgst, versuchst Du, es zum Laufen zu bringen. Solltest Du es reparieren können, kannst Du gleich das ganze Gerät als gebraucht weiterverkaufen!

#28 Organisiere Feiern und Geburtstage

Wie schon so oft erwähnt, haben manche Menschen einfach zu wenig Zeit, sich um alles selber zu kümmern. Du unterstützt sie, indem Du ihre Feiern und Geburtstage organisierst. Das beinhaltet das Backen von verschiedenen Kuchen, Dekoration, Getränke und Musik. Überlege Dir zwei oder drei Komplettpakete, zwischen welchen die Interessenten entscheiden können. Das beinhaltet natürlich auch Kindergeburtstage, welche allerdings ein besonderes Auge für die Details voraussetzten.

Auch kannst Du gut einen Festpreis für verschiedene Kuchen oder Waffeln haben, die bei Dir bei Bedarf einfach bestellt werden können. Eine weitere Alternative wäre, dass Du bei Ihnen persönlich vorbeikommst und in ihrer Küche frische Crêpes zubereitest. Weder ist das Rezept für den Teig sonderlich schwierig, noch die Zubereitung der Crêpes selbst - herzhaft oder süß ein Genuss!

#29 Digitalisiere CD-Kollektionen und Dias

Während heutzutage die meiste Musik digital verwaltet wird, gibt es Menschen, die noch riesige CD-Kollektionen haben. Das gleiche gilt für die Dias der Generationen vor den digitalen Fotos. Du übernimmst die Digitalisierung! Die CDs konvertierst Du an Deinem Rechner alle ins MP3-Format und die Dias kannst Du einscannen. Das kann unter Umständen zwar ein mühevoller Prozess sein, doch genau deshalb kannst Du es Dir auch gut bezahlen lassen. Im Falle der CDs kannst Du die Tätigkeit sogar nebenbei machen, da die Konvertierung in der Regel immer ein paar Minuten dauert.

#30 Minijobs in Deiner Nähe erledigen

Hier lädst Du Dir meistens eine App auf Dein Smartphone herunter und es werden Dir Minijobs in Deiner Umgebung angezeigt. Auf manchen Plattformen gibt es auch zusätzlich online Aufträge.

Meistens geht es darum, etwa den Herstellercode auf bestimmten Produkten zu fotografieren oder die Präsentation eines bestimmten Herstellers.

Deine Fähigkeiten

Du solltest lediglich in der Lage sein, die jeweilige App bedienen und adäquate Fotos schießen zu können.

Der Ablauf

Du lädst Dir die App der jeweiligen Plattform herunter und schaust regelmäßig hinein, um Angebote in Deiner Umgebung zu finden. Je nach Plattform gibt es unterschiedliche minimale Auszahlbeträge, meistens jedoch ab 5 € aufs PayPal Konto.

Deine Strategie

Sinnvollerweise lädst Du Dir gleich ein paar Apps herunter, um zu gewährleisten, dass Du eine größere Auswahl an Minijobs hast. Am besten Du planst bestimmte Zeiten, an denen Du Dir die neusten Jobs anschaust, etwa im Bus, im Zug, in der Pause auf der Arbeit oder abends vorm Schlafengehen.

Wichtig ist, dass Du Dir die Beschreibung gut durchliest, denn Deine Arbeit kann auch abgelehnt werden. Verwackeln etwa Deine Fotos oder fehlen wichtige Bestandteile, kann dies zur Ablehnung führen.

Ressourcen

Shopscout (DE, IT, CS)
Bei Shopscout verdienst bis zu 20 € für die Minijobs. Meistens dauern diese nicht länger als 15 Minuten, sind also schnell erledigt. Du wählst die Aufträge aus, die Du machen möchtest.
http://beshopscout.com/

appJobber (DE, IT, FR, PT, EN, TUR)
Bei appJobber gibt es jede Menge Angebote wie zum Beispiel Produktplatzierung, Preisbeobachtung, Konkurrenzbeobachtung, „Mystery Shopping", Promotion-Checks und viele mehr.
https://www.appjobber.de/info/jobber

Roamler (Europa und mehr)
Bei Roamler gibt es gleich drei Hauptmöglichkeiten, mit denen Du Geld verdienen kannst: Supermarktbesuche, das Ausfahren von Produkten und das Installieren von Geräten wie Thermostaten. Bevor Du den entsprechenden Job erledigen darfst, bekommst Du ein online Training.
http://www.roamler.de/Join

jomondo (DE)
Bei jomondo findest Du online und offline Aufträge wie die Recherche von Netzanbietern, Verlinkungen anlegen, Produktprüfer oder Landschaftsgärtner werden und viele mehr.
http://www.jomondo.de/

Streetspotr (EN)
Bei Streespotr geht es hauptsächlich darum, Produktpräsentationen in Supermärkten zu fotografieren. Dabei gibt es vor allem Jobs in Europa und Nordamerika.
https://streetspotr.com/

#31 Werde Kundenbetreuer von zu Hause aus

Die Telefonanrufe werden direkt zu Dir weitergeleitet und Du kannst diese während Deiner Arbeitszeit von zu Hause erledigen.

Durch die Arbeit im eigenen Home Office entfällt dabei der lästige Weg zur Arbeit!

Deine Fähigkeiten

Bei dieser Tätigkeit solltest Du auf jeden Fall einen sicheren Umgang am Telefon haben. Auch eine gewisse Geduld bei Beschwerden oder Komplikationen ist definitiv von Vorteil. Darüber hinaus brauchst Du noch einen Computer, ein Headset und eine Internet Verbindung, die nicht zu langsam ist.

Der Ablauf

Für die Arbeit als Kundenbetreuer musst Du Dich zu allererst bewerben. Dieser Prozess ist selbstverständlich lästig, doch bist Du einmal drinnen, stehen Dir viele weitere Angebote als Kundenbetreuer im Home Office zur Verfügung.

Anschließend bekommst Du eine Schulung über das Telefon oder das Internet, um Dich auf Deine neue Stelle vorzubereiten. Hast Du diese abgeschlossen, steht dem Geldverdienen nichts mehr im Weg. Der Verdienst ist entweder provisionsabhängig oder kann pauschal pro Stunde abgegolten werden. Die Bestandsexperten verdienen ca. 8-12 € pro Stunde.

Deine Strategie

Wenn Du Dich für die Arbeit als Kundenbetreuer entscheidest, solltest Du mindestens 15, besser noch mehr, Stunden pro Woche arbeiten. Das gewährleistet, dass Du genügend Know-How in der Materie hast und Deinen Job gut erledigen kannst.

Darüber hinaus gibt es auch Aufstiegschancen. So kannst Du beispielsweise Teamleiter werden und Dein eigenes Team in allen Fragen betreuen. Weitergehend gibt es ab einer bestimmten Anzahl an telefonierten Minuten ein Vergütungssystem in Form eines Bonus. Informiere Dich auf der jeweiligen Plattform über die Konditionen, inklusive Kündigungsfrist, und entscheide Dich anschließend für eine.

Ressourcen

expertcloud (DE)
http://www.expertcloud.de/

conduent (DE, NL, RO, CZ, EN, TUR)
http://www.conduentcallcenters.com/

#32 Für Studenten: Handle mit Kursbüchern

Diese Tätigkeit kannst Du mindestens zwei Mal pro Jahr durchführen, und zwar immer genau dann, wenn gerade ein Semester in Deiner Universität oder Fachhochschule zu Ende geht. Dafür musst Du natürlich kein Student sein, es wäre aber definitiv praktischer.

Deine Fähigkeiten

Als Zwischenhändler brauchst Du eine mittelgute Kommunikationsfähigkeit. Darüber hinaus solltest Du finanziell in der Lage sein, in Vorkasse zu gehen.

Der Ablauf

Gegen Ende des Semesters überzeugst Du Deine Kommilitonen davon, Dir ihre alten Kursbücher, die sie im nächsten Semester wohl nicht mehr gebrauchen, zu verkaufen.

Dann wartest Du bis kurz vor Ende der Semesterferien und bietest diese Kursbücher dem nächsten Jahrgang an.

Deine Strategie

Besonders Sinn macht diese Strategie zwar, wenn Du selbst Student bist, jedoch ist dies keine zwingende Voraussetzung, um damit Geld zu verdienen. Schaue einfach, welche Universitäten und Fachhochschulen in Deiner Umgebung sind und finde heraus, welche Bücher in den einzelnen Kursen benötigt werden. Meistens veröffentlicht die Institution sogar ganze Bücherlisten.

Vielen Studenten und den Professoren macht es in der Regeln nichts aus, wenn das Kursbuch nicht die allerneuste Version ist. Gleichzeitig sollte es natürlich nicht allzu alt sein. Sobald es vier oder fünf Jahre auf dem Buckel hat, solltest Du vorsichtig sein, da die Nachfrage unter Umständen sehr gering ausfallen könnte.

Jetzt kannst Du sogar für sämtliche Kurse gegen Ende des Semesters die alten Kursbücher aufkaufen und bekommst mit Sicherheit einen dicken Abschlag, da das Buch für viele Studenten quasi wertlos geworden ist. Wenn möglich solltest Du Dich vor dem Aufkauf aber versichern, dass der Professor dieses Buch auch im nächsten Semester behandeln wird. Dafür kannst Du ihm einfach eine E-Mail schreiben, ihn oder Mitstudenten fragen oder gezielt nach den Bücherlisten Ausschau halten.

Vor Beginn des neuen Semesters bietest Du die Kursbücher dann mit Gewinn an. Meistens gibt es sogar bestimmte Tage vor Semesterbeginn, an denen alte Studenten ihre Kursbücher verkaufen können. Alternativ solltest Du, auch für den Einkauf, einen Aushang an den schwarzen Brettern machen mit „Kaufe Deine alten Kursbücher“ beziehungsweise „Verkaufe Kursbücher günstig“. Am besten listest Du in dem Zuge direkt die betroffenen Bücher auf.

Zusätzlich solltest Du Dich vor dem Einkauf auch erkundigen, wie teuer alte Kursbücher verkauft werden, damit Du eine ungefähre Vorstellung von dem Verkaufspreis hast, den Du erzielen kannst.

Solltest Du die eingekauften Kursbücher nicht loswerden, beziehungsweise als zusätzliche Strategie, kannst Du sie noch bei eBay, Booklooker und Amazon anbieten und dort verkaufen.

Ressourcen

Internetseiten der Universitäten
Schwarze Bretter
Lokale Tauschbörsen
Marktplätze im Internet (eBay, Booklooker, Amazon)
Deine Kommilitonen

#33 Vermiete Parkplatz, Zimmer, Wohnung oder Haus

Meistens können wir alle ein Plätzchen in unserem Zuhause freimachen für Besucher – egal wie groß oder klein es ist.

Besonders lukrativ ist die Vermietung, wenn man in einer größeren Stadt mit Touristen wohnt.

Man kann somit den Touristen eine günstige Alternative zum teuren Hotel bieten und der Arbeitsaufwand ist minimal! Je nach Lage und Qualität sind die Besucher durchaus auch gerne bereit etwas mehr zu bezahlen.

Deine Fähigkeiten

Als neuer Vermieter musst Du in der Lage sein, gute von schlechten Mietern zu unterscheiden. Die gängigen Plattformen im Internet helfen Dir dabei, indem die Mietsuchenden ein Profil und teilweise auch ihre Bankdaten hinterlegen müssen. Eine Selbstverständlichkeit ist, dass Du Dein Zimmer, Wohnung oder (Ferien-)Haus vor Vermietung saubermachst!

Der Ablauf

Du bietest im Internet auf verschiedenen Plattformen Deine Unterbringung an. Die Vermittlung von Angebot und Nachfrage erfolgt dann über die jeweilige Plattform. In der Regel hast Du auch das letzte Wort und kannst Anfragen akzeptieren oder ablehnen. Die Bezahlung bekommst Du in den meisten Fällen direkt von der Plattform, die als Intermediär dadurch zusätzlich Sicherheit für Mieter und Vermieter bietet.

Deine Strategie

Überlege Dir am besten von Quartal zu Quartal, wann Du Deine Unterbringung selbst nutzen und wann Du sie gerne vermieten würdest. Beispielsweise könntest Du dann im Dezember, März, Juni und September die Verfügbarkeit Deiner Räumlichkeiten für die nächsten drei Monate einplanen.

Beziehe bei Deiner Planung definitiv saisonale Ereignisse mit ein. Das können zum Beispiel Messen, wichtige Konferenzen und Veranstaltungen, Semesterbeginne, Staatsbesuche und nationale Feiertage sein. In solchen Zeiträumen kannst Du locker das Vielfache der normalen Miete verlangen. Orientiere Dich dabei an den Preisen von Mietangeboten in einer ähnlichen Lage.

Selbst wenn Du kein zusätzliches Ferien- oder Mietshaus besitzt, kannst Du immer ein Zimmer in Deiner Wohnung für ein paar Tage freimachen. Du wohnst schon in einer Wohngemeinschaft? Wunderbar, dann zieh‘ doch einfach fürs Wochenende zu einem Deiner Mitbewohner. So kannst Du gleichzeitig sicherstellen, dass es dem Mieter gut geht.

Für die meisten potentiellen Mieter ist es wichtig, dass Deine Unterkunft ordentlich und sicher aussieht. Nimm Dir unbedingt die Zeit, um schöne Fotos für Deine Inserate zu schießen! Einmal hochgeladen wirst Du sie kaum abändern müssen und kannst diese darüber hinaus gleich auf sämtlichen Plattformen benutzen.

Hast Du schließlich erfolgreich Deine Unterkunft vermietet, solltest Du Deine Mieter bitten, Dir auch eine gute Bewertung auf der jeweiligen Plattform zu schreiben, um zukünftige Interessen anzulocken.

Ressourcen

Airbnb (DE, weltweit)
Ob Wohnung, Haus, Privatzimmer oder sogar gemeinsames Zimmer – bei AirBnB kannst Du fast alles anbieten. Dabei ist diese Plattform sehr seriös und professionell. Schau Dir ruhig einmal die bestehenden Angebote an, auch damit Du eine Preisvorstellung bekommst. Kannst oder willst Du keinen eigenen Wohnraum vermieten, kannst Du hier sogar Co-Gastgeber und Ansprechpartner für einen Gastgeber in Deiner Nachbarschaft werden.
https://www.airbnb.de/info/host

Wimdu (DE, weltweit)
Auch bei Wimdu kannst Du vom Baumhaus übers Auto und Boot bis hin zur Villa eigentlich alles anbieten. Genau wie Airbnb eine sehr seriöse und weltweit agierende Plattform.
http://www.wimdu.de/offers/new

Gloveler (DE, ES, FR, BGR)
Das deutsche Start-up, das schon vor Airbnb & Co. Übernachtungsmöglichkeiten angeboten hat, ist eine gute Alternative beziehungsweise sollte als zusätzliche Plattform für Inserate verwendet werden. Auf je mehr Plattformen Du vertreten bist, desto mehr potentielle Mieter können Dich finden.
https://gloveler.de/

Weitere bekannte Plattformen sind:
Pension.de (DE)
https://www.pension.de/

FeWo-direkt (DE)
https://www.fewo-direkt.de/

Ferienhausvermietung-mit-Erfolg (DE)
http://www.ferienhausvermietung-mit-erfolg.de/

Ferienwohnungen.de (DE)
http://www.ferienwohnungen.de/vermieten/

Immobilienscout24 (DE)
https://www.immobilienscout24.de/

Wohnungsbörse (DE)
https://www.wohnungsboerse.net/

WG-gesucht (DE)
http://www.wg-gesucht.de/

6. Geldverdienen: 22 Blitzideen

Zusätzlich zu den 33 Möglichkeiten, online und offline Geld zu verdienen, möchte ich Dir hier noch weitere Möglichkeiten aufzeigen, mit denen Du Geld machen kannst. Wenn Dir eine dieser Ideen gefällt, dann solltest Du Dich hinsetzen und diese genauer ausarbeiten. Folgende Fragen solltest Du dafür beantworten können:

• Was genau sind die Voraussetzungen, damit diese Idee ein Erfolg wird?

• Welches sind die finanziellen und zeitlichen Kosten von diesem Projekt?

• Welche Teile kann und möchte ich selber übernehmen und welche Teile sollen ausgegliedert werden?

• Wie lange dauert es, bis ich Geld verdiene?

• Gibt es Menschen, die damit bereits Erfahrungen gesammelt haben und kann ich diese unter Umständen im Vorfeld kontaktieren?

Wenn Du Dich für eine Idee entschieden hast, sammle so viele Informationen darüber, wie nötig. Möglicherweise kannst Du diese Ideen auch erst einmal antesten und mit Freunden und Bekannten besprechen, bevor Du direkt „losrennst“. Viel Erfolg!

#34 Entwickle eine App

Biete eine App an, die Du selbst entwickelt hast oder die Du entwickeln lässt. Diese kann eine tolle Innovation, ein Spiel, Deine Homepage oder ein lokaler Veranstaltungskalender (siehe #9) sein. Je größer der Nutzen ist, den die Menschen in Deiner App sehen, desto höher ist Dein Erfolgspotential und dadurch auch Dein Einkommen.

#35 Werde fürs Gehen bezahlt

Es gibt Apps, die Dich dafür bezahlen, dass Du Dich bewegst. Dazu gehören folgende Anbieter:

Bitwalking (EN)
http://www.bitwalking.com/

bounts (EN)
https://www.bounts.it/

GymPact (EN)
http://apple.co/2r70tDw

sweatcoin (US, UK, IRL)
Man kann sich benachrichtigen lassen, wenn der Dienst auch in Deutschland verfügbar ist.
http://sweatco.in/

#36 Werde zur laufenden Werbetafel

Die Idee ist einfach: Du hängst Dir eine riesige Werbetafel um und läufst durch die Gegend, um die Menschen darauf aufmerksam zu machen. Eine Alternative, die von manchen Firmen angeboten wird, ist, sich ein großes Kostüm eines Maskottchens anzuziehen und so in der Fußgängerzone auf einen bestimmten Laden oder eine Aktion aufmerksam zu machen. Eine weitere Möglichkeit sind Werbeaufdrucke für Dein Auto oder Fahrrad für Geschäfte und Restaurants in Deiner Umgebung.

#37 Werde Touristenführer

Egal wo Du wohnst, es gibt irgendwelche Sehenswürdigkeiten an jedem Ort der Welt. Mache Dich über die lokalen Attraktionen schlau und biete dann Führungen an. Dabei läufst Du mit einer Gruppe von interessierten Personen zu den verschiedenen Punkten und erzählst ihnen alle Hintergründe und geschichtlichen Ereignisse. Mögliche Orte, die Du gut besuchen kannst, sind Kirchen, alte Häuser, Parks, Residenzen, Burgen, Schlösser, relevante Industriegebäude, Seen, Flüsse, das Geburtshaus von bekannten Persönlichkeiten, die Fußgängerzone, erhaltene Ruinen, Denkmäler, Brunnen, die ein Künstler erstellt hat und viele Dinge mehr.

#38 Biete Fitness-Touren an

Wenn Du gut darin bist, andere Menschen zu motivieren, kannst Du Fitness-Touren anbieten. Auf diesen Touren lauft ihr gemeinsam eine bestimmte Strecke mit verschiedenen Stopps, bei denen Ihr Übungen macht. Du planst alles ganz genau und hast vielleicht auch verschiedene Laufwege. Werbung machen kannst Du dafür mit Aushängen, Flyern, im Internet und Mund-zu-Mund Propaganda. Überlege Dir im Vorfeld, wie viele Leute teilnehmen müssen, damit sich die Touren für Dich finanziell lohnen.

#39 Werde Taxifahrer

Sei es nun über die Plattform Uber (https://www.uber.com/de/) oder durch Aushänge in Bars und Restaurants: Biete an, die Menschen nach einer Party abzuholen. So können diese trinken und gelangen trotzdem sicher nach Hause. Das Wichtigste dabei: Pünktlichkeit und Zuverlässigkeit.

#40 Werde Model

In größeren Städten gibt es meistens Werbeagenturen, die immer nach neuen Models suchen. Melde Dich mit professionellen Fotos an, damit Du in die Datenbank aufgenommen wirst. Dann gehört natürlich noch das Quäntchen Glück dazu, aber in der Regel wird diese Tätigkeit gut bezahlt. Eine Alternative wäre Nacktmodeln, etwa für Künstler an einer Uni oder Hochschule.

#41 Seine Wohnung oder Haus zum Drehort machen

Dabei vermietest Du Deine Wohnung oder Haus an Fernsehsender, damit diese dort ihre Serien oder Filme drehen können. Auch hier ist es wichtig, erst einmal auf die Liste zu kommen. Mit ein bisschen Glück wird man ausgewählt und kann sich so ein nettes Sümmchen - je nach Sendung und Drehort mehrere hundert Euro pro Tag - aufwandslos dazuverdienen.

#42 Matched Betting

Beim sogenannten „Matched Betting“ meldest Du Dich bei verschiedenen online Casinos an. Dann wettest Du auf das Ergebnis eines Sportevents, zum Beispiel ein Fußballspiel. Auf dem einen Portal wettest Du auf Sieg, auf dem anderen auf Niederlage. Hierbei musst Du darauf achten, dass Du mindestens Deine beiden Einsätze rausbekommst.

Diese Möglichkeit habe ich selbst noch nicht ausprobiert und würde Dir nur empfehlen, dies zu tun, wenn Du genau weißt, was Du tust. Weitere Informationen zum Matched Betting findest Du auf dieser Seite: http://bit.ly/1hxIHwC

#43 Disney Vault Secret

Das sogenannte „Disney Vault Secret" ist Disneys Strategie, die Nachfrage nach seinen Produkten über Generationen hinweg hochzuhalten. Bestimmte Klassiker werden für 8-10 Jahre nicht mehr produziert, bis sie dann für eine kurze unbestimmte Zeit wieder angeboten werden. In dieser Zeit dann allerdings zum regulären Marktpreis.

Wer also ein bisschen Nervenkitzel haben möchte, der kann sein Glück damit versuchen. Ich selbst habe diese Strategie noch nicht ausprobiert, doch in verschiedenen Quellen – zumindest für den englischsprachigen Raum - darüber gelesen. Anscheinend kann man in den Jahren der Verknappung teilweise sogar das 4-fache des regulären Marktpreises für die Klassiker bekommen. Sollte Dich dieses Thema interessieren, kannst hier mehr erfahren:
http://bit.ly/2unY6Aa
http://bit.ly/2ujnKqd

#44 Werde Protokollführer

In der Uni gibt es immer wieder Professoren, die ihren Studenten den Inhalt eines Semesters in schriftlicher Form aushändigen möchten. Du hilfst dem Professor und tippst während seiner Vorlesung alle wichtigen Punkte ab. Hinterher erstellst Du praktische Handouts, die die Studenten dann zum Lernen nutzen können. Eine weitere Möglichkeit wäre, anzubieten, den Vorlesungsinhalt ins Englische zu übersetzen.

#45 Organisiere Reisen

Viele Menschen kommen von ihrer Couch nicht hoch, dabei ist es heutzutage mehr als einfach, günstig zu reisen. Organisiere Kurzurlaube und Touren für eine kleine Reisegruppe. Dabei kannst Du so gut wie immer einen Gruppenrabatt herausholen. Für die Akquise kannst Du Aushänge machen oder im Bekanntenkreis fragen.

#46 Kindergesichter bemalen

Eine Fähigkeit, die Dir immer wieder zugutekommen könnte, ist, Gesichter bemalen zu können. Dafür erlernst Du ein paar Standartfiguren, wie Löwe, Spiderman, Katze, Fee, und so weiter. Erzähle den Menschen in Deiner Umgebung, dass sie Dich für ein paar Stunden mieten können. In ein paar Stunden kannst Du Dir damit locker 50 € dazuverdienen.

#47 Werde zur Bank

Auch P2P-Kredite genannt: Du wirst damit quasi selbst zur Bank und verleihst einen Kredit direkt an andere Menschen, ohne dass eine Bank dazwischengeschaltet wäre. Die P2P-Plattform hilf lediglich bei der Vermittlung und bei der Bonitätseinschätzung.

Bekannte deutsche Plattformen sind:

Auxmoney (DE, URL: https://www.auxmoney.com/)

smava (DE, URL: https://www.smava.de/)
crosslend (DE, URL: https://de.crosslend.com/)
lendico (DE, URL: https://www.lendico.de/).

#48 Eigenes Merchandising

Hast Du ein künstlerisches Talent? Dann entwerfe doch T-Shirts, Pullover, Jacken, Taschen und Accessoires und lasse diese von bekannten Plattformen wie **Spreadshirt** (DE, international, URL: https://www.spreadshirt.de/) und **Teespring** (DE, weltweit, URL: https://teespring.com/) vermarkten. Den Preis kannst Du dabei selbst bestimmen.

#49 Eigene Fotos, Audios und Videos verkaufen

Machst Du gerne Fotos? Dann lade doch Deine besten Fotos auf Stockseiten hoch. Das gleiche gilt für Video- und Audiodateien. Für jeden Download bekommst Du dann eine Provision ausgezahlt.

<u>Bekannte Stockplattformen sind:</u>
shutterstock (DE, weltweit, URL: https://www.shutterstock.com/de/)
Adobe Stock (DE, weltweit, URL: https://stock.adobe.com/de/)
fotolia (DE, weltweit, URL: https://de.fotolia.com/)
depositphotos (DE, weltweit, URL: https://de.depositphotos.com/) und **alarmy** (DE, EN, URL: http://de.alamy.com/).

#50 Copyright-freie eBooks und Hörbücher erstellen

Auf bestimmte Werke, die in der Vergangenheit geschrieben worden sind, verfällt nach einem größeren Zeitraum der Copyrightschutz. Bei Büchern sind dies 70 Jahre nach dem Tod des Urhebers, wenn die Erben keine weiteren Ansprüche stellen. Suche Dir bekannte Werke, etwa von Dichtern, heraus und digitalisiere sie als eBook. Zusätzlich kannst Du auch ein Hörbuch erstellen (lassen). Je bekannter der ursprüngliche Urheber, desto größer sind Deine Verkaufschancen.

#51 Ältere Menschen internetfähig machen

Das Internet ist mittlerweile in unserer Gesellschaft nicht mehr wegzudenken – meint man. Doch es gibt immer noch viele, gerade ältere Menschen, die sich nicht damit auskennen. Während für die Jugend alles intuitiv ist, haben andere Generationen vielleicht gerade mal eine E-Mail-Adresse.

Hier kommst Du ins Spiel. Du könntest zum einen eine Art Kurs anbieten und den Menschen zeigen, wie sie sich im Internet zurechtzufinden. Zum anderen könntest Du ihnen (bei Bedarf) direkt die Arbeit abnehmen und ihnen wichtige Konten, wie etwa PayPal, Facebook, E-Mail und so weiter einrichten. Vielleicht würden sie sich sogar darüber freuen, wenn Du ihre Bilder, für ihre Freunde zugänglich, auf einem Cloud-Speicher hochlädst.

#52 Nachhilfe über Skype

Die Internettelefonie, zum Beispiel über skype, facebook oder WhatsApp, bietet uns die tolle Möglichkeit, direkt mit anderen Menschen weltweit in Kontakt zu treten. Biete doch einfach Nachhilfe in bestimmten Fächern – am besten in Deutsch, denn da bist Du der perfekte Muttersprachler – an. Du könntest zum Beispiel auf Deutsch mit dem Teilnehmer / den Teilnehmern über ein bestimmtes Thema sprechen. Somit verbessern sie ihre deutsche Aussprache und lernen gleichzeitig wichtige Vokabeln. Für die Themen kannst Du Dich zum Beispiel bei Slow German (DE, http://slowgerman.com/inhaltsverzeichnis/) inspirieren lassen.

#53 Werde Komparse

Wenn Du in der Nähe von Aufnahmestudios wohnst, solltest Du vielleicht in Betracht ziehen, Komparse zu werden. Zwar kann es sehr lange dauern, bis Du einmal gefragt wirst (falls Du überhaupt gefragt wirst), doch wenn Du genommen wirst, kannst Du Dich auf eine in der Regel hohe Vergütung für einen geringen Arbeitseinsatz freuen.

#54 Erstelle einen Podcast

Etwas mehr Arbeit ist es, seinen eigenen Podcast herauszubringen. Dabei solltest Du Dir, genau wie bei einem Blog, sehr genau das Thema überlegen und möglichst viele Kooperations- und interessante Gesprächspartner einbinden. Je mehr Zuhörer Du hast, desto höher sind Deine Verdienstmöglichkeiten durch Werbepartner und eigenen, digitalen Produkten. Hierbei ist jedoch zu beachten, dass es in der Regel erst eine Zeit dauern wird, bis Du überhaupt einen Gewinn machst.

#55 Nimm einen Job an!

Last but not least: der gute alte Job. Ich persönlich würde es zwar immer vorziehen, für mich selbst, als für andere zu arbeiten, jedoch kann es sein, dass man nicht immer um einen „normalen" Job herumkommt.

Der große Vorteil zum Beispiel bei einem Minijob ist, dass der Verdienst fast gänzlich ohne Abzüge ausbezahlt wird. Momentan kannst Du damit bis zu 450 € verdienen und die steuerlichen Abzüge sind pauschal 2%, die aber in einigen Fällen auch der Arbeitgeber übernimmt.

Der Vorteil bei anderen Jobarten ist, dass die Krankenversicherung mit inbegriffen ist, was bei einem Minijob eher nicht der Fall ist. Dafür sind aber auch die steuerlichen Abzüge größer.

Wenn Du Dich also für eine Festanstellung entscheiden solltest, dann sollte diese Dir persönlich etwas geben oder Du solltest viel dabei lernen.

Halte dafür unbedingt nach interessanten und originellen Start-ups ausschau!

Dort hast Du in der Regel ein großes Potential zu wachsen, wirst gefordert und kannst bei einem tollen Projekt mitwirken.

Ein tolles Start-up ist meiner Meinung nach zum Beispiel foodora (DE, EN). Du holst dabei das Essen in dem Lieblingsrestaurant der Kunden ab und bringst es direkt zu ihnen nach Hause. Voraussetzung für diese Festanstellung ist ein Mindestalter von 18 Jahren und ein eigenes Gefährt, also ein Fahrrad, Roller oder Auto, welches Dir zur Verfügung steht. Wenn Du mit dem Fahrrad unterwegs bist, kannst Du Dir direkt das Fitness-Studio sparen und bekommst auch noch Geld fürs Radeln.

7. Fazit

„Der Unterschied zwischen dem, der du bist und dem, der du sein möchtest, ist das, was du tust."

Wie Du siehst, gibt es eine Menge großartiger Ideen, im Internet und auch offline Geld zu verdienen. Die einzige Variable, von der Dein Einkommen und Dein Erfolg zu 100% abhängen, bist Du selbst!

Der Rest – Resonanz, Glück und Schicksal – sind extern gegeben.

Dein Einkommen und Dein Erfolg hängen lediglich von Deiner Motivation und von Deinem Umgang mit Geld ab!

Sobald Dir dies klar ist, ist der Rest ein Kinderspiel. Unser Geld- und Wirtschaftssystem funktioniert dabei nach bestimmten Regeln und Grundmustern. Wenn wir diese Grundmuster einmal verstanden haben und die Regeln als gegeben hinnehmen, dann müssen wir nur solange unsere Herangehensweise ändern, bis wir das Wirtschaftssystem für unsere Ziele nutzen.

Je mehr wir uns in unsere Berufung hineinknien, dazulernen und einen gewissen Grad der Professionalität erreicht haben, desto wertvoller werden wir für unsere Mitm7enschen. Dieses wertvoller spiegelt sich dann auch in unseren Finanzen wieder. Falls es dies nicht tut, haben wir folglich etwas falsch gemacht oder eine Regel (Funktionsweise) nicht verstanden.

Als kleine Zusatzmotivation habe ich für alle Leser dieses Buches eine geschlossene Facebook-Gruppe eingerichtet. Dort kannst Du Dich mit anderen Gruppenmitgliedern austauschen, ihr könnt Euch gegenseitig helfen und unterstützen. Du findest Sie, wenn Du im Suchfeld „Geld verdienen im Internet und offline - das Buch" eingibst.

Ich hoffe, dass ich Dir mit diesem Ratgeber Inspiration für Deine berufliche Entscheidung mit auf Deinen Weg geben konnte und Motivation, Dich um Deine Finanzen zu kümmern.

Für welche Wege, Geld zu verdienen, Du Dich auch entscheidest; ich wünsche Dir von Herzen, dass Du Spaß daran hast und zu 100% weißt, warum Du diese Arbeit tust. Ich wünsche Dir die Kraft, Dein Ding durchzuziehen und Deine finanziellen Ziele in jeder Hinsicht zu erreichen!

Herzliche Grüße,
Jens

„Das größte Vergnügen im Leben besteht darin, Dinge zu tun, die man nach Meinung anderer Leute nicht fertigbringt!"
– Marcel Aymé

Konntest Du etwas lernen?

Wenn Du irgendetwas aus diesem Buch mitnehmen konntest, würde ich Dich bitten, mir ebenfalls einen Gefallen zu tun: Entweder, indem Du das Buch weiterempfiehlst, ein Exemplar verschenkst oder eine kurze Bewertung auf Amazon hinterlässt.

Um eine Bewertung zu hinterlassen, klicke auf die Sterne auf der Amazon-Produktseite und bewerte das Buch mit einigen kurzen Sätzen. Das dauert keine 2 Minuten, hilft mir und anderen Lesern aber enorm.

Ich lese wirklich jede Bewertung und jedes persönliche Feedback (jens@indie-bücher.de). Das hilft mir enorm dabei, meine Bücher stetig zu verbessern. Daher wäre ich Dir sehr dankbar, wenn Du dieses Buch offen und ehrlich bewertest.

Vielen herzlichen Dank für Deine Unterstützung!

Nur die besten Wünsche
Jens

Buchempfehlungen

Hier findest Du weitere Bücher, die wir herausgebracht haben.

Einmal Dividende bitte!
Wie Du mit einer cleveren Aktienstrategie an der Börse Geld anlegen und ein Vermögen aufbauen kannst (auch als Anfänger mit wenig Kapital!)
ISBN: 978-3947061143

Die Faulbär-Strategie zur Million
Wie Du mit Indexfonds und ETFs (auch als Anfänger) intelligent und erfolgreich investieren kannst und ganz nebenbei Deinen Bankberater überflüssig machst - ETF Buch.
ISBN: 978-3947061150

Nine-to-five muss nicht sein!
Eine unfehlbare Anleitung zu finanzieller Freiheit und sicherem Vermögensaufbau durch passives Einkommen
ISBN: 978-3947061136

Geld sparen und clever reich werden
Wie Du in nur 12 Schritten und mit 67 außergewöhnlichen Spartipps finanzielle Freiheit erreichst, ohne verzichten zu müssen (selbst wenn Du wenig verdienst)!
ISBN: 978-3947061006

ErfolgREICH werden
99 geniale Tipps und Erfolgsstrategien der erfolgreichsten Menschen aller Zeiten für mehr Geld, mehr Zeit, mehr Leben!
ISBN: 978-3981579468

Tag auf Tag im Hamsterrad
Wie das Geld- und Wirtschaftssystem funktioniert und uns zu Hamstern macht (DAS Geldsystem Buch, Finanzkrise 2008, Geldschöpfung)
ISBN: 978-3981579406

Haftungsausschluss und Angaben nach §34b WpHG

Die Benutzung dieses Buches und die Umsetzung der darin enthaltenen Informationen erfolgt ausdrücklich auf eigenes Risiko. Dieses Buch kann eine Anleitung für mögliche Erfolgsstrategien sein, ist jedoch keine Garantie für Erfolge und basiert ausschließlich auf der persönlichen Meinung des Autors. Der Autor und der Herausgeber übernehmen daher keine Verantwortung für das Nicht-Erreichen der im Buch beschriebenen Ziele. Haftungsansprüche gegen den Verlag und den Autor für Schäden materieller oder ideeller Art, die durch die Nutzung oder Nichtnutzung der Informationen bzw. durch die Nutzung fehlerhafter und/oder unvollständiger Informationen verursacht wurden, sind grundsätzlich ausgeschlossen. Rechts- und Schadenersatzansprüche sind daher ausgeschlossen. Das Werk inklusive aller Inhalte wurde unter größter Sorgfalt erarbeitet. Der Verlag und der Autor übernehmen jedoch keine Gewähr für die Aktualität, Korrektheit, Vollständigkeit und Qualität der bereitgestellten Informationen. Druckfehler und Falschinformationen können nicht vollständig ausgeschlossen werden. Der Verlag und auch der Autor übernehmen keine Haftung für die Aktualität, Richtigkeit und Vollständigkeit der Inhalte des Buches, ebenso nicht für Druckfehler. Es kann keine juristische Verantwortung sowie Haftung in irgendeiner Form für fehlerhafte Angaben und daraus entstandenen Folgen vom Verlag bzw. Autor übernommen werden. Für die Inhalte von den in diesem Buch abgedruckten Internetseiten sind ausschließlich die Betreiber der jeweiligen Internetseiten verantwortlich. Der Verlag und der Autor haben keinen Einfluss auf Gestaltung und Inhalte fremder Internetseiten. Verlag und Autor distanzieren sich daher von allen fremden Inhalten. Zum Zeitpunkt der Verwendung waren keinerlei illegalen Inhalte auf den Webseiten vorhanden. Gehandelte Aktien, ETFs, P2P-Kredite und Fonds sind immer mit Risiken behaftet. Alle Texte sowie die Hinweise und Informationen stellen keine Anlageberatung oder Empfehlung dar. Sie wurden nach bestem Wissen und Gewissen aus öffentlich zugänglichen Quellen übernommen. Alle zur Verfügung gestellten Informationen (alle Gedanken, Prognosen, Kommentare, Hinweise, Ratschläge etc.) dienen allein der Bildung und der privaten Unterhaltung. Eine Haftung für die Richtigkeit kann in jedem Einzelfall trotzdem nicht übernommen werden. Sollten die Besucher dieser Seite sich die angebotenen Inhalte zu eigen machen oder etwaigen Ratschlägen folgen, so handeln sie eigenverantwortlich.

* = Affiliate Link
Dir entstehen durch einen Klick weder Nachteile noch irgendwelche Kosten. Wenn Du Dich für ein Produkt entscheidest, zahlst Du den gleichen Preis wie ohne Klick auf den Link. Für mich ist es jedoch wertvoll, weil Du damit meine Arbeit - in Form einer kleinen Provision - unterstützt. Natürlich erst dann, wenn Du Dich nach einem Klick mit einem Kauf für das Produkt/Angebot entscheiden solltest. Vielen Dank im Voraus, ich weiß das sehr zu schätzen.

24585246R00078

Printed in Poland
by Amazon Fulfillment
Poland Sp. z o.o., Wrocław